L'IVRESSE
DES PLANTES

大自然的精神

对于我们普罗众生而言，世俗的生活处处显示出作为人的局限，我们无法逃脱不由自主的人类中心论，确实如此。而事实上，人类的历史精彩纷呈，仿佛层层的套娃一般，一个个故事和个体的命运都隐藏在家族传奇或集体的冒险之中，尔后，又通通被历史统揽。无论悲剧，抑或喜剧，无论庄严高尚、决定命运的大事，抑或无足轻重的琐碎小事，所有的生命相遇交叠，共同编织"人类群星闪耀时"的锦缎，绘就丰富、绚丽的人类史画卷。

当然，这一切都植根于大自然之中，人类也是自然中不可或缺的一部分。因此，每当我们提及"自然"，就"自然而然"地要谈论人类与植物、动物以及环境的关系。在这个意义上说，最微小的昆虫也值得书写它自己的篇章，最不起眼的植物也可以铺陈它那讲不完的故事。因之投以关注，当一回不速之客，闯入它们的世界，俯身细心观察，侧耳倾听，那真是莫大的幸福。对于好奇求知的人来说，每样自然之物就如同一个宝盒，其中隐藏着无穷的宝藏。打开它，欣赏它，完毕，再小心翼翼地扣上盒盖儿，踮着脚尖，走向下一个宝盒。

"植物文化"系列正是因此而生，冀与所有乐于学习新知的朋友们共享智识的盛宴。

L'IVRESSE
DES PLANTES

饮料植物

［法］塞尔日·沙 著

贾伟丽 译

生活·讀書·新知三联书店

目 录

序 言

不为渴而喝

　　"想一想：人类为什么要捕杀动物呢？为了吃。其实不仅如此，人类也需要喝。"伍迪·艾伦（Woody Allen）曾在《上帝，莎士比亚和我》（*Dieu，Shakespeare et moi*）一书中对这一论点做过论证。在我看来，这是针对上述问题的一个合理而明智的研究角度。阿方斯·阿莱（Alphonse Allais）更早就领会到了这一点（"人类捕杀动物不只是为了吃，也是为了喝"）。然而人类却不想思考喝这个问题，它只是人类生存的一种简单的条件反射，就像没必要思考呼吸或者控制自己的双腿向前迈步这类事情。因此，他们更不会想到自己身体的 60% 都是水这一事实了，好吧，这些水也没什么新鲜，只是比自然界中的水多了一点儿"人性"而已。相反，如果人类经常在脑海中对此事加以确认的话，可能就不会如此浪费这种珍贵的液体了。

　　"饮料植物"，我们一下子就可以理解这本书的小标题，接下来要讨论的肯定是一些可以应用到饮品中的植物。要是有人选择了"植物饮料"这四个字，那可能是同义叠用，因为在饮料原料方面，植物几乎形成了垄断优势。动物性饮料在数量上是非常少的，其中得以普遍应用并占据重要位置的只有动物的乳液。在游牧民族的饮料里也很少发现动物的血，毕竟对于他们来说，没有什么东西是应该浪费的。偶尔，人们也会将两种植物混合在一起制成饮料饮用［快，我泡制的百里香（thym）—密里萨香草（mélisse）水，这气味让我感到恶心］。因此，从决定把简单的水改制成更"值得品尝"的饮料时起，人们就经常会想到植物。提到矿物质，传统上人们认为它存在于植物中，而动物体内并没有矿物质；石灰乳并不能喝，哪怕是在化学实验中。最近，我们也只是在现代的化学饮料和能量饮料中重新发现了它们。

　　所有的这些处境都迫使人类不得不探索美食。到底是何种缘由促使我们的祖先开始寻求"更好的"饮料和食物呢？美食和人类的历史一样古老悠久吗？饮料起源的唯一可能来自医学。人们发现一些植物可作为药物来使用。很多药用植物的味道很刺激，比如苦涩的味道，它们会引起人的反感。为了充分利用这些药用植物，药剂师需要使它们变得更容易让人接受。阿拉伯人是世界上最早在配制药物时加入糖浆的人，因为他们掌握了蔗糖的提取法，而在此前，人们一般使用蜂蜜。正是因此，阿拉伯人打开了糖果制造业的大门，但在糖果业发展的初期，蜜饯和蔗糖的生产也因成本昂贵而一直被药剂师垄断。由此我们可以推测，世界上第一批令人惬意的饮品就是药物。这些药物又是怎样逐渐转变成一种单纯的令人享受的饮料的呢？不难猜测……这是人类固有的本性所为。这些饮料以植物作为基础，无须多言——因为一直以来植物在营养方面就占优势。一些广受人们喜爱的饮料，比如葡萄酒和啤酒，它们在成为饮料前，曾一度被人们视为食物。其他的植物饮料则以营养价值而出名，像用大麦配制的浓糖浆，液化后就会成为饮料。开胃助消化的饮料更是数不胜数。当心情非常沉重的时候，你只要多喝点儿酒精性饮料，所有的烦恼和悲伤就会得以暂时消失。然而，这几乎是所有人都认可的一个谎言。

　　总之，喝是人类的本性。在一天中的任何时候和任何场合，喝释放着一种非常强的社会信号。和别人握手之后，递给对方一杯饮料是一种友好的表现，不论是在亲戚之间还是陌生人之间。人在不渴的情况下，一生中会喝掉多少杯咖啡和开胃酒呢？事实证明，消费地点对饮料消耗量有着不可估量的重要性。村庄里的小酒吧经常是社会生活的中心，一些上班族在早晨还没"出发"前，都会来这里喝上一杯咖啡。这里永远有没完没了的讨论。一些新思想从这里开始沸腾，人们经常去哲学咖啡馆或文学咖啡馆，在享用咖啡的同时，使自己的头脑得到充实，因此饮料植物已经成为我们现代生活的中心。比如我们喝的酸橙葡萄酒中的酸橙片，正是出自我们祖母自己制作的简陋得几乎看不出模样的冷餐台。这些都是饮料植物无害的一面。相反地，人类历史上也有关于这些饮料的一些令人毛骨悚然的篇章，比如咖啡、可可、甘蔗曾作为战略原料风靡一时，引发了战争、奴役、骚动、灾难，促进了工业帝国的形成，同时也导致了一些社会经济动荡。但历史的发展总是迂回曲折的，另外的一些植物饮料却挽救了许许多多的生命，比如只喝啤酒的啤酒酿造者，就没有因使用一种被污染的水而引致霍乱。另一方面，有了饮料，我们的生活也开始变得有节奏。从早饭到晚饭，我们可以随意喝菊苣水、咖啡或茶，其间可以享受一杯开胃酒，或在街边角落品尝一小口葡萄酒，还可以点一杯清咖啡来舒缓一下匆忙的午饭。正好，到点了，我不能再写下去了，否则还要写二十多页，现在是喝茴香酒的时间了……

介 绍

含铁元素的水，不！

水啊水，平淡又乏味

水是无味的。人们可以很容易发现一种水和另外一种水的区别，含矿物质多一点儿的，有点儿甜的，有点儿咸的，但是它们之间并没有很大的关系：即使在加热后，大体来看，水还是索然无味的。这意味着人类的文明还有待探索：当下有一种喝水的酒吧，人们把臂肘支在柜台上或坐在桌旁，一小口、一小口地享受着来自喜马拉雅山，或采自大海最深处、已逐渐消失的水带来的甘甜柔和，任由环保主义者们对自己的麻木不仁进行批判。在20世纪70年代，一个著名品牌的矿泉水广告词闪亮了所有人的眼睛，"喝，尿"（Buvez, pissez），后来被改为"喝，排泄"（Buvez, éliminez），并盛行了很多年。这条标语不仅体现了水最基本最重要的作用，也强调了水历来就是所有饮料的基本组成部分，并且通过短短几个字证明了：与其他任何饮料相比，水是最有利于人体的。

蜜酒

"水"和"蜂蜜"，这两个词不仅组成了世界上最古老的酒精饮料的名字，而且也是这种饮料的全部成分。人们发现关于蜂蜜酒最早且得到确切证实的踪迹要追溯到丹麦的青铜时代。它主要由蜂蜜中自带的或外界添加的酵母粉发酵形成，酒精度为10°—18°。这种酒是用来供奉北欧诸神的饮料之一。虽然蜂蜜是由动物所制，但由于它是蜜蜂从一些植物中萃取而来的，归根结底，它还是植物饮料，我们并没有脱离主题。

喝第一口啤酒之前

人类对味觉的探索从很早就开始了：在母亲的肚子里，胎儿在妊娠期的最后几周就能够识别诸如香味一类的化学—感官信息。为了证明这一点，我们曾要求一部分即将当妈妈的人有规律地吃一些加茴香的食物，另一部分则不吃。在宝宝出生后，我们发现那些在妈妈肚子里就接触到茴香风味的宝宝比没接触过茴香的宝宝更喜欢寻求茴香这种气味。由此可见，人类对味觉的感知是早熟的，从生命的最初几周就已经开始，继而通过一生中不同的经历来完成整个学习，但是我们却没曾想到，一个少年在喝第一口啤酒前，还会有如此多的味道需要体会。

欺骗行径

　　"所有被束缚的感情都可以被释放出来"，人们时常用这样的句子来赞美新鲜苏打水一般可口的葡萄酒。话虽如此，但事实并不总如我们想象般美好，因为葡萄酒造假对人们来说简直轻而易举。吉尔·默罗（Gil Morrot），一位被派到蒙彼利埃农业科学研究院（INRA de Montpellier）的研究者，曾经历过这样的事，所以他对这一观点非常清楚。他曾要求一些专家品尝白葡萄酒和红葡萄酒，然后描述二者各自的特点。待他们完成第一次描述后，他把白葡萄酒染成红色，重新要求他们品尝和描述，结果是：专家们对被染红的白葡萄酒的描述几乎接近于红葡萄酒的特征。一些企业家听说这个信息后便在一些食物和饮料中加入香草（vanille），以使其品尝起来显得更甜。又如在一杯被染成绿色的水中加入草莓香料，消费者就总会感觉自己在喝薄荷汁。这说明味觉是个个人品鉴的事情。读者——品尝者将会在这本书接下来的内容中了解到一些用生活常识武装起来的饮料。

如何定义味觉

　　自 19 世纪起，人们就已经开始用 4 个序列来定义味觉了：咸、甜、酸、苦。后来，人们又在其中加入了"鲜"这个序列，这种味道与日本烹饪中曾经常用的调味品"味精"的味道相同。然而事实上，我们在现实生活中所品尝到的味道却远远不止"五味"这么简单。

他人的味觉

　　文化的差异对于感官鉴赏也有很重要的影响。比如冬青油（wintergreen），一种从白桦树皮或冬青叶中提炼出来的基础油，对于美国人来说是糖果成分，而对于法国人来说则是一种药物成分。

养生饮料

药用植物饮料

几乎所有的消遣性饮料都或多或少与医学或养生有关。这些特性均来自它们所含的滋补的、开胃的或助消化的成分，不过确切地说，人们并不提倡把这些饮料当作治疗疾病的药物使用。然而一些酒精饮料和一些开胃葡萄酒却曾把这些特性作为卖点来吸引消费者。以前，酒精饮料常被人们视为食物，葡萄酒和啤酒就是如此。而植物被当作药物使用是自古以来就有的做法，这类植物的历史如同人类的历史一样漫长。虽然本书没有涉及医学这一主题，但我们相信有关这方面的发现指日可待，在这一领域中找到饮料的踪迹也为期不远。一种植物之所以被赋予药用植物之称，是因为其众多成分中，至少有一种含有药用价值。这类植物，在新鲜或风干状态下，以不同的形式入药，最终制成液体供人们服用。通过本书的介绍，我们将学会如何辨认糖浆、汤剂、葡萄酒和烈酒。除此之外，本书还介绍了饮料的不同样态和它们的萃取方法，并证明了药用饮料的价值如消遣性饮料一样，具有很好的前景。

喝一杯神圣的汤！

所有良性药用植物最简单的使用形式就是口服。一些汤剂、糖浆、葡萄酒和利口酒，无论是通过浸泡、蒸馏或是冲泡，其基本制作原理都是一样的：将植物中的活性成分萃取出来制成饮料。而在饮料的众多存在形式中，汤剂是最早被人们使用的。早在古希腊和古罗马时期，人们就常把药用植物做成敷料或者汤剂来使用。到了中世纪，固体药品成了它们被使用的最基本形式。这些药品的配方都由药剂师精心设计并严格保密。然而保守秘密和控制配方或许并非易事，因为这些配方导致药剂师与教会发生了一些摩擦，并遭到了质疑——教会控告他们是在利用简单的巫术欺骗人们。路易十四亲政期间，汤剂再次被广泛使用，直到18世纪，人们仍然大量使用它来治疗各种疑难杂症。20世纪，它才被现代医学和化学降级到了补药的名列之中。今天，植物疗法已是我们日常生活中不可缺少的一部分，这些汤剂又重新回到了大众的视野中，如莱昂蒂娜姑妈汤（la tisane de tante Léontine），甚至还出现了一些汤剂酒吧。

追踪饮料的踪迹

找到一点有关古人使用植物的方法的蛛丝马迹并不费力，其中最古老的一条线索可以追溯到公元前5000年的中国。当时中国所有健康方面的知识都被收集在著名的《神农本草经》(*Sheng Nung pen Ts'ao king*) 中，此书系神农帝于公元前2373年所著。它是目前人类历史上最古老的医学圣经。离我们稍近些的作品是出自古埃及的《埃伯斯纸草书》(*Le papyrus d'Ebert*)，这本药典编写于公元前1500年，讲述了很多饮料植物方面的知识。更晚近的作品则出现在古希腊和古罗马：从泰奥夫拉斯特

植物乳汁

其实我们从未见过从植物中挤出来的任何一种乳汁：因为植物乳汁指的是一些包含植物成分的饮料。

这类饮料对那些不得不吃特定食物的人或仅仅是喜欢这些植物口味的人来说是一种食物替代品。

世界上以植物为原料制成的饮料有成千上万种，大豆 (soja)、杏仁 (amande)、大米 (riz)、榛子 (noisette)、栗子 (châtaigne)、核桃 (noix)、藜麦 (quinoa)、芝麻 (sésame)、向日葵 (tournesol)、稷 (millet)、大麻 (chanvre)以及斯佩耳特小麦 (épeautre)……这个名单太长了。我们可以自己在家中制作这些饮料，也可以去商店直接购买成品，或者在一些绿色食品店买到它们的颗粒冲剂。

(Théophraste)、亚里士多德 (Aristote)，到普林尼 (Pline) 和迪奥斯科里德 (Dioscoride) 以及他可追溯到1世纪的《药物论》(*De materia medica*)，再到为我们留下大量医学知识（这些知识在中世纪得到了广泛传播）的医药之父盖伦 (Galien)。所有这些知识都是通过阿拉伯医师得以丰富的，且均以我们至今仍在使用的民间传统药典为基础。另一方面，新世界（相对欧洲大陆而言，指美国、澳大利亚、新西兰、南非等国家。——译注）的发展也带来了像金鸡纳树 (quinquina)、吐根 (ipéca) 等很多药用价值在当时还不为人所知的植物。

一起去采野草吧

我们不妨假设，每个人的脑海中都会留有一段关于植物采摘的美好回忆，不论是曾经偶然的一次，或是经常性的，又或是曾看到一个弯着腰的农民或者农妇正在为兔子割草以储备饲料。你或许也会想起人们用钉子水来增强孩子的体质（置于水中的钉子会生锈从而产生人体所需的铁元素）；用一些红色的小蚧蝻制成糖浆来治疗咳嗽，但相比较而言，以

植物为原料的药方在民间更是不胜枚举，它们是数百年来无数先人的智慧结晶。尽管本书主要想向读者介绍各类饮料，但是如果我们不对用于制作这些饮料的植物加以阐述的话，那么，这部著作将是不完整的。此外，即使饮料对身体有益，但其中很多是不适宜直接饮用的，某些饮料还需要人们特别注意，饮用时必须先按精制准确的配方加工。另外，随着实体商业和电子商务的繁荣，人们可以更容易地买到品质优良的糖浆或利口酒，以及一些令人感到惬意的酒精饮料。此外，本书的第二部分会呈现给大家一些植物肖像：茴香（fenouil）、无花果（figuier）、玻璃苣（bourrache），以及牛蒡（bardane）、当归（angélique）、木贼（prêle）……那么让我们留一个小空间为这个大家族的家庭照存档，而且它们都是来自官方的照片哦！

生长在法国本土的植物

一些枯燥乏味的官方文字有时也能流露出一些富有诗情画意的小意象。比如涉及药用植物时，我们经常会读到这样的说法："多一分天然，少一点担心"——但从这个表达中我们也能读出如下潜台词：药用植物归根到底还是有令人担心的因素的，只是没有那么多罢了。其实，只要遵循相关规定的要求，我们就大可把心放在肚子里。2011 年 7 月 15日法国颁布的编号为 2011-840 的法令明确规定：所有农产品中的农药残留量必须达到欧盟统一标准。为了归纳在植物疗法中涉及的相关植物，本书在此为读者们提供一个来自官方的表格，从表格中我们可以发现几种来自植物自身的产品，比如树胶，和一些经过严格检验进口的外国植物，以及来自乡下的和我们花园中的野生植物。所有这些植物都可用来调制饮料、利口酒、汤剂、糖浆，它们有的属于养生饮料，有的属于消遣型饮料，还有的两者兼备。

中文名	拉丁文名	科	使用部分
阿拉伯胶树	*Acacia senegalensis L.*	豆科	阿拉伯胶
旱芹	*Apium graveolens L.*	伞形科	根
蓍	*Achillea millefolium L.*	菊科	茎梢的花球
大蒜	*Allium sativum L.*	百合科	球茎
羽衣草	*Alchemilla vulgaris L.*	蔷薇科	空中部分
酸浆	*Physalis alkekenge L.*	茄科	果实
蒜芥	*Sisymbrium alliara Scop.*	十字花科	全部植物
甜味扁桃树	*Prunus dulcis*	蔷薇科	种子
香葵	*Hibiscus abelmoschus L.*	锦葵科	种子
莳萝	*Anethum graveolens L.*	伞形科	果实
当归	*Angelica archangelica*	伞形科	果实
茴芹	*Pimpinella anisum*	伞形科	果实
香猪殃殃	*Galium odoratum L.*	茜草科	茎梢的花球
英国山楂树	*Crataegus laevigata L.*	蔷薇科	果实
白木香	*Inula helenium L.*	百合科	地下部分
燕麦	*Avena sativa L.*	禾本科	果实
八角茴香树	*Illicium verum Hook.*	木兰科	果实
凤仙花	*Balsamita major Desf.*	伞形科	花、茎梢的花球
牛蒡	*Astium lappa L.*	伞形科	花、根
罗勒 法	*Ocimum basilicum L.*	唇形科	花、茎梢的花球
小麦	*Triticum aestivum L.*	禾本科	糠
玻璃苣	*Borago officinalis L..*	紫草科	花
德国洋甘菊	*Matricaria recutita L.*	伞形科	头状花序
罗马洋甘菊	*Chamaemelum nobile All.*	伞形科	头状花序
旱金莲	*Tropaeolum majus L.*	金莲花科	花
小豆蔻	*Elettaria cardamomum Maton*	姜科	果实
葛缕子	*Carum carvi L..*	百合科	果实
茶藨子	*Ribes nigrum L.*	醋栗科	叶子、果实
矢车菊（小）	*Centaurium erythea Raf.*	龙胆科	茎梢的花球
樱桃、欧洲酸樱桃	*Prunus cerasus L., Prunus avium L.*	蔷薇科	果梗（梗柄）
菊苣	*Cichorium intybus*	伞形科	叶子、根
香茅	*Cymbopogon sp.*	禾本科	叶子
柠檬草	*Cymbopogon citratus Stapf.*	禾本科	叶子

中文名	拉丁文名	科	使用部分
虞美人	*Papaver rhoeas L.*	罂粟科	花瓣
芫荽	*Coriandrum sativum L.*	伞形科	果实
南瓜	*Cucurbita pepo L.*	葫芦科	种子
笋瓜	*Cucurbita maxima L.*	葫芦科	种子
海马齿	*Crithmum maritimum L.*	伞形科	空中部分
姜黄	*Curcuma domestica Valh.*	姜科	根茎
犬蔷薇	*Rosa canina L.*	蔷薇科	蔷薇果（附果）
龙蒿	*Artemisa dracunculus L.*	菊科	空中部分
蓝桉	*Eucalyptus globulus Labill.*	桃金娘科	叶子
茴香	*Foeniculum vulgare Mill.*	伞形科	果实
葫芦巴	*Trigonela foenu-graecum L.*	豆科	种子
皂荚	*Gleditschia triacanthos L.*	豆科	种子
无花果树	*Ficus carica L.*	桑科	果实（附果）
白蜡树	*Fraxinus excelsior*	木樨科	叶子
花白蜡树	*Fraxinus ornus L.*	木樨科	浓汁
高良姜	*Alpinia galanga Willd.*	姜科	根茎
刺柏	*Juniperus communis L.*	柏科	雌球花（刺柏浆果）
黄龙胆	*Gentiana lutea L.*	龙胆科	根茎
姜	*Zingiber officinae Roscoe*	姜科	根茎
人参	*Panax ginseng C.A. Meyer*	五加科	地下部分
丁香树	*Syzygium aromaticum L.*	桃金娘科	花蕾
蜀葵	*Althaea officinalis L.*	锦葵科	叶子、花、根
蛇麻草	*Humulus lupulus L.*	大麻科	雌花序
枣树	*Ziziphus jujuba Mill.*	鼠李科	果实
宽叶薰衣草	*Lavandula latifolia Medik.*	唇形科	茎梢的花球
法国薰衣草	*Lavandula stoechas L.*	唇形科	茎梢的花球
狭叶薰衣草	*Lavandula angustifolia L.*	唇形科	茎梢的花球
醒目薰衣草	*Lavandula x intermedia Emeric*	唇形科	茎梢的花球
金钱薄荷	*Glechoma hederacea L.*	唇形科	空中开花部分
拉维纪草	*Levisticum officinale Koch.*	伞形科	叶子、果实、地下部分
墨角兰	*Origanum majorana L.*	唇形科	叶子、茎梢的花球
锦葵	*Malva sylvestris L.*	锦葵科	叶子、花

中文名	拉丁文名	科	使用部分
密里萨香草	*Melissa officinalis L.*	唇形科	叶子、茎梢的花球
胡椒薄荷	*Mentha x piperita L.*	唇形科	叶子、茎梢的花球
绿薄荷	*Mentha spicata L.*	唇形科	叶子、茎梢的花球
香桃木	*Myrtus communis L.*	桃金娘科	叶子、果实
欧洲越橘树	*Vaccinium myrtillus L.*	杜鹃花科	叶子、果实
苦橙树	*Citrus aurantium*	芸香科	花、果实
甜橙树	*Citrus sinensis*	芸香科	花、果实
牛至	*Origanum vulgare L.*	唇形科	叶子、茎梢的花球
异株荨麻	*Urtica dioica L.*	荨麻科	空中部分
欧洲赤松	*Pinus sylvestris L.*	松科	芽
苹果树	*Malus sylvestris Mill.*	蔷薇科	果实
甘草	*Glycyrrhiza glabra L.*	豆科	根
迷迭香	*Rosmarinus officinalis L.*	唇形科	叶子、茎梢的花球
树莓	*Rubus sp.*	蔷薇科	果实
百叶蔷薇	*Rosa centifolia L.*	蔷薇科	花瓣
突厥蔷薇	*Rosa dascena L.*	蔷薇科	花瓣
法国蔷薇	*Rosa gallica L.*	蔷薇科	花瓣
野生玫瑰	*voir églantier*		
藏红花	*Crocus sativus*	鸢尾科	柱头
夏日风轮菜	*Satureja hortensis L.*	唇形科	叶子、茎梢的花球
欧洲风轮菜	*Satureja montana L.*	唇形科	叶子、茎梢的花球
药用鼠尾草	*Salvia officinalis L.*	唇形科	叶子、茎梢的花球
南欧丹参	*Salvia sclarea L.*	唇形科	叶子、茎梢的花球
三叶鼠尾草	*Salvia fruticosa L.*	唇形科	叶子、茎梢的花球
黑麦	*Secale cereale L.*	禾本科	果实、糠
欧百里香	*Thymus serpylum L.*	唇形科	叶子、茎梢的花球
西洋接骨木	*Sambucus nigra L.*	忍冬科	花、果实
茶树	*Camellia sinensis Kuntz.*	茶科	叶子
百里香	*Thymus vulgaris L.*	唇形科	叶子、茎梢的花球
椴树	*Tilia platyphyllos Scop.*	椴科	边材、花序
柠檬马鞭草	*Aloysia citrodora Palau.*	马鞭草科	叶子
酿酒葡萄	*Vitis vinifera L.*	葡萄科	叶子
堇菜	*Viola calcarata L.*	堇菜科	花

改变世界的植物

植物界的奠基者

并不是所有的饮料植物都为大众所熟悉。比如，直观地说，接骨木的名声就根本无法与可可树比。在详细解读两者之间的区别之前，我要先在此做个铺垫以说明其中的重点。比如一些植物已被广泛应用并成为人类文明中不可缺少的一部分，其他一些植物的使用则只局限于一些特定的宗教仪式或缜密的典礼习俗范围，但这一切并不能阻止这类植物穿越数世纪，成为人类文明史上的一个重要章节。总之，哪怕只有个别植物渗透到了全世界和全人类的生活中，我们也不可否认植物对饮料的制作和使用的重要性。同时，在历代征服者不断扩张领土并展现其粗暴、激烈甚至是毁灭性的统治过程中，饮料植物也发挥了其不可替代的作用。

葡萄树和葡萄酒

在世界上最古老的饮料中，葡萄酒可算最具代表性的一种。葡萄树的种植和葡萄酒的生产起源于地中海一带，并已成为了受到远东地区影响的地中海文明的一部

棕榈酒

除了葡萄可以酿成酒之外，很多植物的组成部分经过发酵也能产出一些人工调制的酒精饮料。棕榈酒就是这样制成的，其制作从挑选几种不同品种的棕榈树的汁液开始。在黑非洲，人们通常从油棕（Elaeis guineensis）中提取汁液；在亚洲，人们更多会选择砂糖椰子（Arenga pinnata）、酒椰（Raphia vinifera）和水椰（Nypa fruticans）；而在所有热带地区，人们则会利用椰子树（Cocos nucifera）的汁液。人们将提取到的汁液置于常温下，经过几个小时的酿制，糖化的乳白色汁液就会变成琥珀色，并不断冒出气泡。

棕榈酒的制作与苹果酒的制作非常相似。

分。可以说，就像哲学和政治对人类的作用一样，葡萄酒能够陶冶人类的情操。从诸神到凡人，无一不沉醉其中。葡萄酒自其诞生起便迅速地征服了全世界，而葡萄的种植则是在更晚的时候才传播到地球上的各个地区的。但是当葡萄种植传播到南美洲、北美洲、澳大利亚和新西兰，以及今天的中国等地方时，我们看到的不再仅仅是大片的葡萄种植区，更是西方和地中海文明的传播。

啤酒与制作啤酒的植物

另外一种具有重要代表性的饮料可能就是啤酒了。与葡萄酒不同的是，尽管大麦和啤酒花（houblon）已经随着时光的流转成为了啤酒制作的"经典"原料，但除此之外，啤酒的制作却还可以涉及许多植物：各种谷物、水果，以及大麻科植物。因此，就这一点来说，啤酒是更容易让人接受的，因为相对于葡萄酒而言，人们更容易有足够的条件轻松地生产出品质优良的啤酒。然而，酿造一款完美的麦芽汁人们所投入的心血则堪比酿造一款优良的葡萄酒。因此，在那些啤酒生产区，甚至在民间，啤酒的质量都划分得非常清楚，而且这一点在人们过去的饮食方面起着重要作用。这也是令一些北欧国家和大不列颠国家在啤酒制作上花费了大量时间的原因。另外，关于啤酒的发展史，我们只要追寻着世界文明的发展轨迹和这些国家人口迁移的足迹，就能毫不费力地发现其相关线索。

战略植物

还有比在一杯美味的冒泡巧克力中浸湿双唇更能让人感到惬意的事吗？还有比舌头触碰热气腾腾的咖啡更能让人感到暖心的事吗？然而，对人类而言，这些饮料植物不仅为我们的味蕾带来了享受，也给我们带来了令人咋舌的悲剧。可可最初并不是为饮用所备，而是作为一种宗教仪式植物和强壮剂进入人们的生活的。咖啡起初也只是一种兴奋剂。甘蔗曾经扮演着制糖原料的基本角色。长期被当作药物使用的糖，只不过因为恰好能够给咖啡和巧克力（还有其他许多食物）带来甜味而使其最终成为了充满诱惑的饮料。的确如此，从欧

洲到世界的各个角落，没有人能抵抗住这种诱惑。在此，就算不去特意了解这两种饮料的详细历史，人们也都知道它们的种植酿成了多少悲剧。作为战略植物，作为具有巨大经济价值的植物，它们曾和所有暴行、屠杀、集中营、奴隶制、统治、殖民，这些残酷的字眼联系在一起，甚至到了今天，它们仍然控制着世界经济的走向。尽管所有卑鄙的行为都离不开卑鄙的欲望，但它们终归是酿成这些悲剧的帮凶。我们无法重新编写人类的历史，但是我们可以想象，假如咖啡和巧克力这两种诱人的饮料不曾产生，我们的世界会是什么样子。尤其可以想象一下，假如这类饮料像毒品一样渗透人们的生活中，并使人为之疯狂，那我们的世界又会如何。难道我们真的会因为咖啡或巧克力引起的战争而成为孤儿吗？另有两种战略性饮料产生于20世纪。第一种是可口可乐。如果人们可以从中看到美国的文化侵略，那么我们可以说，它是一种建立在被征服者（消费者）"同意"和"许可"下的"胜利者的饮料"，以同样的逻辑进行文化侵略的产品还有口香糖或者西部片。此外，对橙汁的消费相对来说，也属于饮料史中比较晚近的事情（参见下文"早餐的微妙革命"一节），只是它没有被悲剧和不幸玷污罢了。

早餐的微妙革命

我们的社会生活是由差异划分来标记的：150年前，你必须是"德雷福斯派"或是"反德雷福斯派"；大选期间，这意味着你必须是"前"或者"后"或者"中间派"，人们会评估你是个左派还是右派；在办公室，你必须是"苹果党"或者"PC党"；在红酒产区方面也不例外，你必须是"勃艮第党"或者"波尔多党"。对于口腔发育还不完全的小朋友来说，则需要在可口可乐与百事可乐这两种势不两立的可乐间抉择。而吃早餐的时候，人们则会问：茶还是咖啡？

橙汁是最近一段时间人们经常用来搭配牛油果面包的三大佐餐饮料之一，另外的两种是一度备受年轻人追捧的酸奶和谷物粗粮汁。这三者中橙汁是最"年轻"的一种，至少是最近才出现在欧洲人餐桌上的，在美国则出现得更晚一些。但或早或晚，橙汁最终成功打开了水果汁的市场，于是后来才有了我们今天所喝的玫瑰西柚汁（葡萄柚汁可能更确切）和富含多种维生素的异国风情的水果鸡尾酒，以及最不引人注目却最受消费者欢迎的苹果汁。

橙汁的发展开始于 20 世纪最初的十年，由于过度种植，加利福尼亚的橙子出现了严重的产量过剩，这是史无前例的。这么多的橙子能做什么呢？人们终于想到一个办法——"橙汁"。但一切并没有想象中那么简单，因为——大家都经历过这样一件事——常温下，置于空气中的橙汁会迅速跌价：不到一天的时间，它就会变质。唯一能够解决此问题的办法就是冷藏，尽管大家都想到了冰箱，但当时并不是家家户户都有这种电器。所以最后很多农户决定不再种橙子树了，人们砍掉了三分之一的树，导致加利福尼亚的橙子种植面积一时间大幅减少。幸运的是，橙子和橙汁最终找到了两个出路。第一种是巴氏消毒法（pasteurisation）：这种贮存法自 20 世纪末被发明以来，便迅速在食品加工业得到广泛应用。就这样，一时间，所有的橙汁都被装到了瓶子里。然而,这些堆积如山的瓶瓶罐罐却远远超过了当地消费者的承受范围，仅仅靠他们是根本喝不完的，于是人们决定把橙汁运往全国的各个角落。由此便有了橙汁的第二个出路：铁路运输——一个唯一能够清理库存的方法。正是利用这一方法，橙汁成为美国农产品加工业运输的第一种食品。随后，橙汁便成了人们生活中不可缺少的部分，尤其成了早餐必备品。而橙汁之所以能够迅速发展，是因为它可以代替原来搭配面包的果酱，那是一种从法国布列塔尼传播到美国的食物。正如牛奶在消费者心中的地位一样，由于富含大量的钙元素和维生素 C，再加上各种宣传，

咖啡占卜术

我明白……我明白这个名字将会使您好奇。

我明白……我也明白这本书也将会使您感兴趣。

很简单，我以前算是个咖啡占卜术（cafédomancie）的行家，那是我从一个希腊女邻居那里学来的，如果您去她家拜访，通常她都会为您准备一种土耳其（或希腊）咖啡，首先她把咖啡放在一个棕色的结满污垢的梯形咖啡壶里咕嘟好一会儿，然后再端给您品尝。您一定会感受到这种咖啡的魔力，它足以唤醒埋葬在古希腊地下深处的亡灵，并能使墓碑开裂！喝完咖啡后，有时她会把杯子送回原处，然后又开始专心地阅读装饰杂志，或者有时，她会把喝空的杯子倒置在一块干净的织布上，让那些咖啡污渍留在上面。当然，我们也可以换个用法使用这块织布，比如，在上面写上心愿，也可以问一个明确的问题，只要别总写"我该付您多少钱？"这句话，别的什么都行。我明白……

我明白这个从波斯（Perse）、埃及（Égypte）和土耳其（Turquie）到达欧洲的物品将会让您甘愿放下手中的电子占卜杂志。

也早就使人们产生了对维 C 的无限迷恋，所以橙汁已逐渐成了一种非常受大众追捧的标签般的饮料。对此我却想强调，其实正常均衡的饮食搭配，是完全可以确保我们对这种维生素的充分摄入的。

慢慢地，橙汁已经蔓延到美国的另一端，不仅如此，橙汁还成了佛罗里达州的"全民饮料"。另外，这个国家还和巴西、墨西哥共同构成了世界三大橙子生产国，在这些国家，占总产量 90% 的橙子都被用来加工成橙汁。在欧洲，西班牙则是橙子产量最大的国家。

圣诞节的橙子

如果你们的长辈一遍又一遍地给你们讲圣诞节橙子的故事，那就放下手中的活儿，认真地再听一遍吧。他讲这个故事并不是为了告诉你们，他当时的生活环境有多么艰苦贫穷，而是秉承一个很久以来的传统。更何况听完之后再重新拿起游戏机玩，对你们而言也并没有多少损失。圣诞老人，其实是受荷兰的圣尼古拉斯（Sinterklaas）的直接启发而被想象出来的人物形象。相传，每逢圣诞节来临，圣尼古拉斯除了会带给孩子们一些玩具以外，还会带给他们橙子。而橙子在荷兰不仅是一种神圣的象征，也是传说中西班牙到荷兰的橙子运输船的守护者。正如众所周知的正在执政的荷兰皇室就属于奥兰治（Orange）家族一样，真是环环相扣。

相关词汇

无酒精饮料

"Boisson"（饮料）一词通常被用来描述一种供解渴或者供消遣的有营养的液体。水是大部分饮料中占比重最大的成分，也是最基本的原料。另外还有一个习惯的说法，就是把这种液体称为 "breuvage"（饮剂），但其实，后者的言下之意是指一种配方特殊的、多多少少都经过加工的复合型饮品。

倘若我们把不同的植物成分进行混合，或者把不同的植物进行混合，并对饮料的制作方式加以区分，那么属于饮料的词汇就会大大增加。

通常，我们所说的 "infusion"（泡制）指一种香料或植物活性成分的萃取方式，主要手段是将植物的一些部分浸泡到预先准备好的凉开水中。当然，"infusion" 一词也指一些通过此方式制作而成的饮料，其中最有名的当属茶叶，此外还有众多备受欢迎的花草茶，比如马鞭草（verveine）茶、椴花（tilleul）茶、鼠尾草（sauge）茶、百里香茶和迷迭香（romarin）茶……

煎制（décoction）同样是一种萃取香料和活性药物成分的方式，只是与上述的泡制法有细微差别。其主要萃取手段是将一些植物的碎片放入冷水中，烧开之后再煮几分钟，从而获取我们所需的成分。由此我们可以猜想，通过此方法从植物中提取的成分基本都是不耐热的。通常情况下，人们会选用树皮、树根、树枝和种子等植物中比较坚硬的部分来制作煎剂，而在众多煎剂中最古老的要数樱桃梗椴水（la décoction de queues de cerises），以及大家所熟悉的木贼汁和燕麦（avoine）汁了。

与上述两种方法截然不同的另外一种萃取方式是浸渍（macération）。比如在葡萄酒的酿造过程中，发酵的实质就是浸渍。在这个阶段，为了从中提取形成葡萄酒颜色所需的丹宁和花青素，人们通常把葡萄皮浸渍在葡萄汁中。另外，薄荷（menthe）水和密里萨香草水同样是通过数小时的浸渍制成的……

以上方法不仅仅适用于饮料的制作，也是几千年来医学饮剂和后来兴起的药剂学一直采用的萃取方法，而且，这些萃取方法对其他很多的领域也有很大帮助，比如浸染业。需要特别强调的是，我们所说的溶剂不一定永远是水，比如还可能是酒或一种油。

通过以上方法制作的饮料通常都可以被直接饮用或者添加少量的糖调制后饮用。但是当把大量的糖添加到原料中时，我们得到的东西就变成了人们通常所讲的糖浆。因此可以说，糖浆是一种由水或酒、糖和植物中的芳香成分或药物成分组成的一种黏稠液体。另外，依照上述情况所制取的饮料也可能是人们更经常谈到的"potion"（合剂），它通常由一种液体、一种芳香性糖浆和植物中活性药物成分共同组成。

酒精饮料

自酒精出现在人们的生活中以来，与饮料有关的词汇便在量上得到了大幅度的丰富，在质上也划分得更加详细。通常人们会用蒸馏酒（boisson spiritueuse）或烈酒（spiritueux）来指称通过萃取、蒸馏或者浸泡植物的方式制作出的酒。蒸馏酒还特指那些通过发酵制成的酒，比如啤酒、葡萄酒和苹果酒。在类型上酒可分成两大类：第一类是简单型（les simples）的酒，这类酒的口味直接由蒸馏的方式得来，烧酒（eau-de-vie）这个统称词范围内的所有酒种，诸如朗姆酒、墨西哥龙舌兰酒、威士忌等都属于简单型的酒；第二类是调制型（les composées）酒，其味道是通过将植物或香料添加到一种中性酒或者烧酒中浸泡而得到的。一些茴香味酒正是这样制成的，比如来自法国的茴香味力娇酒和开胃酒、茴香烈酒、伏特加酒、利口酒……欧洲相关法律规定，所有烈酒的最低酒精含量为15%。

利口酒（liqueur）是一种含糖量最低为每升100克的蒸馏酒。这种酒主要通过将农作物或农作物蒸馏液中的乙醇芳香化而获得，对于植物和水果，则通过长时间的冷水浸泡或沸水浸泡而来。这类酒的酒精度一般在15°—55°。另外，若某种利

蒸馏制剂

在严格遵守医学实验规定的情况下，除了蒸馏酒以外，人们还发现了药酒（élixir）和水制剂（hydrolat）。前者是一种由几种物质浸泡在酒中形成的液态药；后者则是一种只能在实验室制备的制剂，因为它的制作必须用到能使水蒸气穿过植物皮层转变成活化因子的蒸馏器。

口酒的含糖量高于或等于每升 250 克，人们通常把它称为甜酒，黑加仑甜酒就属于这类型，它的含糖量至少达到了每升 400 克。从前，被称为"利口酒"的这一酒种在酒精度上并无严格要求，其实直到今天仍然如此，通常人们说"利口酒"，只是为了防止这种饮料会和茶混淆，同时也是为了把它和不含酒精的植物饮料区分开。

希波克拉酒

早在中世纪时，罗马人就喝过加香料的辛辣酒了，而希波克拉酒（hypocras，一种加蜂蜜与香料，以葡萄酒为基础的辛辣酒。——译注）正是这一时期的产物。相传，这种酒由公元前 5 世纪的一位希腊名医希波克拉底（Hippocrate）所发明。而事实上，直到 14 世纪，"hypocras"（希波克拉）这一词才开始被人们使用，为了纪念这位名医，人们把这种特别的葡萄酒命名为"希波克拉酒"。此外，人们发现在 12 世纪时，克雷蒂安·德·特罗亚（Chrétien de Troyes）曾提及过一种"辣酒"（piment）；正如所有加香料的葡萄酒一样，这种酒既可以充当开胃酒，也可以充当助消化酒。

除此之外，其他的辣酒都源自朗格多克（Languedoc）和加泰罗尼亚国家（les pays catalans）。人们猜测，所有这些富含各种香料的葡萄酒都曾被当作药物使用，因为它们都含有糖，而糖曾一直被认为是一种制药原料。事实上，正如人们从《巴黎家政》（Le Ménagier de Paris）中读到的一样，添加香料同样是一种加工味道不好的葡萄酒的方法，通过这种办法给予它们"第二次生命"，使其味道达到人们可以接受的程度，这个技巧同样也被应用在饭菜中。

再说回希波克拉酒，它其实是一种经过姜、丁香（clou de girofle）、豆蔻（cardamome）、肉豆蔻（macis）的假种皮等"皇家"香料提香并添加适量蜂蜜而制成的甜葡萄酒。通常，高质量的希波克拉酒会呈现一种灰琥珀色或麝香色。

对酒的看法

古代的酒

就医学价值和消遣价值而言，饮料具有两面性，或者更多属性。但是根据是否含有酒精，可以说它们又具有双重性（药用、消遣；含酒精、不含酒精）。比如我们每个人都明白报纸上报道的一些乡下的鸡或牛在吃过一些发酵的苹果后，走路摇摇晃晃的原因。这可以表明，在没有人类介入的情况下，酒可以自然产生。同时，这一方面说明了人类发现酒——和酒偶尔可以醉人——这两种事情是合乎情理的；另一方面也说明了上述两种情况发生在新石器时代的合理性，因为那是一个人类经常在家不外出的历史阶段，也许放在某个角落的食物经过自然发酵产生了酒，而后就被我们的祖先发现了。另外可以证明此事的还有，世界上各个国家的古文献中也都谈到了酒精饮料，比如在一些商业文件中就有大量资料可资参考。大约在公元前4000年，世界上的第一口啤酒出现在美索不达米亚人（Mésopotamie）的家中，这是饮料界的鼻祖。它的出现，表明啤酒的制作并不是一个自然发酵的过程，而需要人类的介入。

酒的神圣，神圣的酒

古人早早就注意到了一些发酵的饮料具有自我净化的功能性。因为发酵过程伴随着温度的持续升高，不断升高的温度能够杀死病菌，从而使饮料成为一种健康的饮剂。数世纪以来，在科学的解释未出现以前，与不断被质疑的被污染的水相比，葡萄酒、啤酒和苹果酒在饮料中占据着重要的位置。

然而，这种几乎神圣的净化性仍然逃脱不了宗教的洗礼，再加上一旦无节制饮用，酒精饮料就会导致醉酒，因此它们和其他作祟不轨的心理活动以同样的名义进入宗教得到洗礼，就是合情合理的了。饮料中含有的酒精曾被认为具有神力，是一种可以使人暂时进入另一个世界，逃离现世琐事的方法。如此，这种在几个世纪后才开始被称为"酒"的饮品，一直被各种不容置疑和无可争论的神秘光环笼罩着。

罗马和希腊的葡萄酒

在西方文明中，其他所有酒类消费是以葡萄酒消费为基础的。其他所有酒类产品的生产也是以葡萄树的种植和葡萄酒的生产为基础。

因此，在接下来的几个世纪，人们在谈及酒的时候所指的常常就是葡萄酒。葡萄树的栽培源于美索不达米亚地区，后来得到了希腊人和其后的罗马人的不断发展。另外，葡萄酒时常与节日联系在一起，因此它成了"酒醉"的专用搭配词，正如希腊神话中的狄俄倪索斯（Dionysos，古希腊神话中的酒神。——译注），还有罗马神话中的巴克斯（Bacchus，罗马神话中的酒神，同时也是罗马神话中象征荒淫与放荡的神。——译注）所象征的那样。

基督教的葡萄酒

可以说，基督教承担着传播葡萄酒的功能。相关记载的参考文献有很多，不过这一切最早都是从挪亚（Noé）种植第一批葡萄树开始的。而且，葡萄树（和葡萄酒）也是《圣经》中提及最多的植物。另外，《圣经新约》（Le Nouveau Testament）中讲到的耶稣的第一个奇迹也说明了这一结论：在迦拿（Cana）的婚宴上，耶稣将水变成了葡萄酒。然而，只有在最后的晚餐中，"当葡萄酒变成了基督的血"时，葡萄酒才算是正式融入了基督教世界中。可以说，葡萄酒随着罗马帝国的扩张和基督教信仰的深入人心而被广泛接受。相反，我们也可以说，基督教世界的建立和罗马帝国的扩张与葡萄酒的发展是同时进行的。

酒精的两面性

数世纪以来，酒精为我们带来了如葡萄酒、啤酒和在啤酒之前的一种古代高卢人喝的大麦啤酒（la cervoise，啤酒的前身，没有添加啤酒花，由大麦和其他谷物酿成。——译注），以及局限在较小范围内的苹果酒和梨酒等饮料。从这些非常受青睐的饮料来看，酒精具有好的一面。这些饮料都是健康的，是平民百姓和王公贵族饮食生活的一部分。曾经有很长时间，人们无法想象没有酒的饭菜该如何下咽，因为人们只有通过吃喝才能恢复体力，而酒为人体的"复原"提供了能量。正如民间谚语所说，"面包预表身体，葡萄酒预表血"。当然，人们也明白过度饮酒的危害，但如果是在节日期间酗酒的话，情况则有所不同：通常，节日期间的酒鬼都被人们以相对宽容的态度对待。但是自从 13 世纪酒精被制作出来以后，这些习俗都变得不同了。这里所说的酒精指得是真正的酒精。而为人类带来酒精的，正是由十字军带到阿拉伯的一种发明物——蒸馏器，及蒸馏技术的发明。

蒸馏器的发明者们可能怎么也没想到，这个机器竟然可以生产出如此烈性的酒，比如喝上几口就能醉人的烧酒。人们甚至认为酒具有魔性，阿拉伯人不就给这种藏在饮品中的魔性起名叫"AL-KHOL"（阿拉伯语"酒精"的意思，同时有"狡猾""幻想"的意思）吗？使人们对酒的态度发生转变的，还有发生在中世纪的事件。当时，葡萄酒的市场逐渐壮大并受到了越来越多规章制度的管理约束，它的壮大也带来了税率、税费的增加，以及某些特权和各种违规造假恶行的出现。自那时起，酒一直"走"在两条不同的道路上，这种矛盾的双重性一直持续至今，我们当今所谓"有节制地消费酒精"其实只不过是一种十分脆弱的说辞而已。自文艺复兴时代起，葡萄酒（以及所有与葡萄酒发展道路相似的饮料）的消费趋势便朝着娱乐狂欢的方向转变。这种长期的转变一直延续到18世纪，一些著名的葡萄酒正是在这个时段诞生的。通常，人们把劣质酒都卖给穷人，好酒则供上流社会的人饮用。

继承的双重性

我们如今感受到的酒的双重性，正是在文艺复兴时期诞生的，并在18世纪到19世纪期间发展起来的。一方面，人们认为酒的消费是"富有光彩的"：富有的资产阶级喝品质优良的葡萄酒，抽上等雪茄，偶尔还会吸鸦片和大麻一类的毒品。而在平民阶层，人们沉湎于一些劣质的葡萄酒和品质较次的酒。正因如此，人们对酒的消费观念才被赋予了悲剧色彩。他们喝酒只是为了借酒消愁，为了暂时忘记生活中的失败和种种遭遇。在1849年，同时出现了"酒精中毒"一词和酒的病理学特征这一说法。一位叫马格纳斯·哈斯（Magnus Huss）的瑞典医生在指出酒可以引起肝脏病变、心脏病变和神经病变这些症状后，将这些病症定义为"酒精中毒的示威游行"。因此可以说，酒精中毒无论是对人类还是对经济而言都是一种灾难。一些热门读物纷纷披露了此事，而一些"现实主义者"的描述更把这件事推到了风口浪尖。

在此，需要详细说明的是，已经进入工业革命的19世纪，为酒的大量生产提供了充分的条件，像很多食品一样，酒从这一时期开始变成了普通消费品，价格也降低了很多。一些好的科涅克白兰地（les cognacs）和阿玛尼亚克烧酒（les armagnacs）都被珍藏在了资产阶级的酒窖里，而大部分的劣质酒都供给了一些爱弥尔·左拉（Émile Zola）所描写的那种小酒馆。19世纪末至20世纪初，由一些反饮酒组织发起的讲话和批判教育性宣传引发了一场抵制酒的战争的热潮。

适当饮酒对人类是有益的。"一战"期间，在法国，曾有人呼吁群众把葡萄酒留给在前线作战的士兵们，这是多么伟大的爱国壮举啊！这至少说明酒可以带给人无所畏惧的勇气。到了19世纪末，开始有人大肆吹嘘葡萄酒的优点，后来路易·巴斯德（Louis Pasteur）坦诚地证明了葡萄酒对人也有不利的一面。人们可以从当时的一些令人难以置信的统计数据中看到：有87%的百岁老人喝酒，不饮酒的人平均年龄在59岁，而饮酒者的平均年龄在65岁。当时的一张宣传标语曾这样写道，"酒，就是老年人的牛奶"，并且宣告：那些酒水消费包括在饭钱中的餐馆可享受一些购酒优惠权。

一些卫生学工作者也曾尝试捍卫酒，但最终都付出了惨痛的代价。在维希（Vichy）政府（第二次世界大战期间，纳粹德国占领下的法国傀儡政府。——译注）的压迫下，他们被各种繁杂的禁令约束着：有很长一段时间，苦艾（absinthe）酒和茴香酒都被禁止使用。而对酒构成更严重攻击的，则是那些反饮酒组织在学校张贴的教育宣传报：海报上分别是一个健康人的肝和一个饮酒的人的病态肝，在19世纪70年代，这些对比鲜明的图像还引起了百姓的一阵骚动。在19世纪60年代，"呕吐疗法"第一次出现，并展示了它的解毒功效，同样是在这一时期，酒精中毒最终被认为是一种疾病。诚然，今天我们依然不应该放松关于酒精对身体的危害这方面的教育，但酒也依然在它的两张面孔之下，在人类历史的轨道上继续前进。

酿烧酒者

在法国人看来，酿烧酒者应该都有很好的形象，但即使事实并非如此也不必过于追究，因为从事这种职业的人正逐渐淡出人们的视线。人们想象中的酿烧酒者似乎永远都是一副热情、挺拔、健壮的好农民模样，那一张张红通通的脸似乎永远在准备着为他人奉上一杯最好的自酿烧酒。与烧酒酿制者不同的是（有些人酿烧酒其实并非从事这种职业，而是表达一种身份，但烧酒酿制确是一种职业），酿烧酒者还可以自己生产一些烧酒。以前，老一辈的酿烧酒者最初制作的10升纯酒可以享受到免税的优惠政策。人们把这种优惠称为"特权"。这种特权诞生于拿破仑一世时期，并延续到了现代社会。但是自1960年起，这种特权被废除了，这就解释了为什么越来越多的老一辈酿烧酒者开始慢慢消失。它的废除不仅与发生在一些乡村的"反酒精中毒战"有关，而且与一些烧酒的批量生产者和许多进口商的排挤有关。另外值得注意的是，由于某些酿造者投机取巧和滥用特权，有人便用"酿造之权"来讽刺这一特权。这种不妥的当地说法也给当局施加了一定的压力，这同时也是酿酒者消失的缘由之一。自2008年起，新的政策出台：每个酿酒厂生产的前10升纯酒需缴纳50%的税，剩余的酒则要缴纳100%的税。这个规定对于酿烧酒者来说确实是一个打击！

蒸馏

一滴又一滴的快乐

您是否有过这样的经历：昨天一整天天气十分燥热，夜晚闷热的气息咄咄逼人，到了第二天趁着凉爽怡人的清晨，您悠闲地漫步在花园里，当您穿梭在一排排新鲜诱人的四季豆（haricot vert）或一簇簇茂密的花丛中时，不大一会儿，您的小腿上就结满了露水。而您刚刚发现的现象就是正在持续着的"自然蒸馏"。接下来，您的脑海里也许会浮现出一个模糊的拉丁词，对，就是这个拉丁词根 *stillare*，意指"水滴，滴下"。而我们所要讨论的蒸馏技术正是这样：一滴又一滴。

古代人也曾发现过蒸馏现象，它与人类最早的科技发明一样古老。这种萃取方法早在公元前 2000 年左右就已开始盛行，只不过当时用的并不是我们今天所看到的这套设备。人们认为，最早的蒸馏法是由古代中国人、古埃及人和美索不达米亚人发明的。他们使用它提取一些供医药、宗教礼仪和防腐剂制作所用的油、香料以及香脂。另外还有一些关于这方面的记载：据悉，大约在公元前 1800 年，美索不达米亚平原上的人们会定期用几百升的香膏、精油、雪松（cèdre）乳香、没药（myrrhe）、柏树（cyprès）乳香、生姜乳香专门为金瑞林国王（roi Zimrilim）[古巴比伦时期两河流域马瑞王国（Mari）的最后一个国王。——译注] 制备香水。

最早投入实施的大型蒸馏工程之一就是海水淡化。早在公元前 4 世纪时，亚里士多德就提到过，人们可以利用蒸馏法将海洋里的水变为可饮用的水，而且他还补充道，这种提取方法也适用于葡萄酒和其他液体的制取。最早的一批航海者就是利用此方法获取饮用水的，他们将海水放入锅中加热，然后用一些吸水性强的织物或者海绵从锅的上方吸走带甜味的蒸气，那便是提取的淡水。

随着设备的吸收性被调整得越来越好，蒸馏工艺的效率也越来越高。早前，古罗马著名军医迪奥科里德（公元 40—90 年）对蒸馏的一些专用设备进行了简单的描述。人们从中可以发现"ambix"一词，在希腊语中它表示"可用于蒸馏工艺的细口瓶"。

而一些历史学家则把蒸馏器的发明归功于公元前3世纪—公元前2世纪的炼金术士犹太的玛丽（Marie la Juive），或者3—4世纪的一位名叫佐西默斯·德·帕诺波利斯（Zosime de Panopolis）的埃及炼金术士。可以肯定的是，阿拉伯人在蒸馏器的调整方面扮演了重要角色，他们对蒸馏技术的应用非常熟练。很久以前，他们就成了植物和花草芳香萃取领域的佼佼者，并把先进的蒸馏工艺先后带到了意大利、西班牙和法国南部。正是因为阿拉伯人"用蒸馏器改变了蒸馏"，所以这一历史便有了用阿拉伯文记载的文献。

酒的蒸馏

关于蒸馏工艺，最让我们感兴趣的就是通过蒸馏制作酒和饮用水。人们把用蒸馏器制作酒的发明归功于公元10世纪的炼金术士哈立德·伊本·亚连德（Khâlid ibn Yazid）。酒曾被应用于医疗。一些病人发现在喝了这种饮料后不久就感觉到精神放松甚至陶醉其中，因此有人推断酒是一个好东西，它能够帮助治疗疾病，甚至延年益寿。于是，酒被人们赋予了神奇的力量，就像人们将所有的酒精饮料都定性为长生不老药一样，人们认为烧酒也能让人长生不老。

所有含糖的物质都曾被蒸馏：麦芽汁、蜂蜜、葡萄，及其他各种水果。关于由"水"

到酒的蜕变过程的详细描述最早出现于 1240 年，由阿尔诺·德·维伦纽夫（Arnault de Villeneuve）撰写。人们也因此错误地把"由水到酒蜕变"这项蒸馏工艺的发明者的身份送给了这位蒙彼利埃大学的老师。维伦纽夫这样写道："谁会相信，我们通常所喝的酒，是由一种既没有酒的颜色也没有酒的功效的液体，通过一种化学反应转化而得来的？这种由水转变来的酒，被一些人称为'烧酒'（eau -de -vie），此称呼也非常适合这种饮料，因为它是一种真正的'永生之水'。而且，人们已经开始认识它的一些功效；它可以让人延长生命、振奋精神、恢复活力、保持青春……还可以治疗腹痛、瘀血、瘫痪、结石病……"

差不多在同一时期，尚处于学生时代的雷蒙德·卢尔（Raymond Lulle）在 1235 年研究出一种可以将蒸馏过程中产生的水溶酒精分离出来的方法，由此得到了一种浓度更高的液体，人们称之为"燃烧精神的饮料"或者酒精。

14 和 15 世纪是令人难忘的时代，因为这是土耳其入侵法国的时期。也正是在这一时期，蒸馏的秘诀开始扩散。"*L'al-khol*"（阿拉伯语里"酒"的意思）的制作侵入了基督教世界，并得到了一些正在寻找黄金和想要利用这一工艺提取黄金的炼金术士的极力推广。

蒸馏器的改善

在蒸馏器发明的初期，人们就开始研究具有冷凝功能的冷却系统。在古代，人们利用潮湿吸收性强的织物来对蒸气进行冷却。而我们所知的细颈蒸馏瓶，则是通过增加瓶颈管的长度，从而增加冷凝时间以达到冷凝效果的。蒸馏器改善过程中的第一个重大进步是 11 世纪时螺旋状冷凝管的发明，它显著增加了冷凝过程中水接触到的冷却面积。1526 年，帕拉塞尔斯（Paracelse）发明了双层蒸锅（*le balneum mariae*）。这种双层蒸锅的好处在于不用打开外部的容器就可以使其加热，而且它的结构为锅内温度的稳定提供了更好的条件。不久之后，冷却系统又被进一步改良，人们通过把冷凝管放置在装满冷水的容器中来增加蒸气通过时受到冷却的强度，并以此来加强冷却效果。早在 1771 年，德国科学家威格尔（Weigel）就想到过让蒸馏液通过一个装有持续流动的冷水的套管来提高冷凝效率的方法，然而人们却把这个功劳错误地归功于利比格（Liebig），并把这套设备取名为"利比格冷凝器"。

在接下来的几个世纪里，人们逐渐调整了蒸馏器上的不同部件，蒸馏的持续运行正是建立在回收设备的不断改进之上。这套设备使得蒸馏液的回收利用过程，不

麦芽制造

种子是生命的浓缩，它蕴含着丰富的营养。从埋入土里的那一刻起，种子便慢慢地将自己释放直至绽放出娇嫩的萌芽。

麦芽制造是一个通过创造有利条件促使麦种发芽的过程。麦芽——这个词指一些谷物的种子被催长出的芽。在啤酒和威士忌的制作中，大麦是最常用的原料，此外还有黑麦和小麦。在适宜的温度和湿度下，这些麦子的种子便会开始发芽。在这个过程中，它们会释放出一些将种子中的淀粉转化成麦芽糖时所需的酶，而转化后得到的麦芽糖，则可以被当作酿制啤酒的酵母粉来使用。麦芽制造分为四个阶段：

浸泡，即将种子浸泡 24—48 小时。

发芽，发芽需要 4—6 天，具体情况视种子质量而定，以前，人们管这时候的萌芽叫"绿麦芽"。

烘干，即将绿麦芽干燥 24—48 小时。使其湿度从 45% 降到 4%。方法是把麦芽置于温度持续升高的流通空气中，直至达到 85℃。这是至关重要的一个阶段，因为麦芽在这一阶段会散发出芳香，并呈现出淡红褐色，所以说，这一阶段决定着产品最终的质量。

除根，即除去麦种发芽过程中形成的小根。这一阶段的麦芽会变得干燥且不再继续发酵，这种情况下麦芽能够保存一年左右的时间。

仅规避了水满而溢的风险，而且以循环的方式使接收器得到了及时清空，从而达到水满不溢、重复利用的效果。

不管使用哪种方法，酒精蒸馏都以一个恒定不变的物理原则为基础：酒精的沸点是 78.3℃，而水的沸点为 100℃（均以海水的沸点为基点），这就是二者可通过蒸馏作用分离的原因。蒸馏技术后来很快就被各种宗教机构掌握，就像那些幽静的教堂与寺院，数世纪以来，各种令人垂涎的利口酒都在这些地方诞生。其中法国查尔特勒修道院（la Grande Chartreuse）生产查特酒的历史就很有代表性。

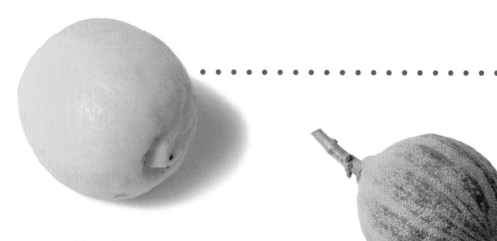

柠檬汽水和汽水制造商

好喝的柠檬汽水

在大多数人眼里，汽水，尤其是新鲜汽水，是一种打开时会冒出美丽气泡的解渴饮料。我们一直以为柠檬汽水是清凉解渴的，但其实这是一种错觉，因为汽水中的糖很快会使我们感到口渴，然后想要喝第二杯，甚至第三杯。尽管如此，汽水至少陪伴了我们每个人的孩童时期。起初，"limonade"一词指柠檬水，这是一种由柠檬汁、水和糖组成的饮料（且没有气泡，气泡是后来添加的）。它的名字直接来源于"柠檬"一词，指柠檬树上的果实，也就是说来源于柠檬树。今天，"limonade"一词指的是汽水；而对于把柠檬添加到白水中的那种饮料，人们更愿意叫它"柠檬水"。

凯瑟琳娜·德·美第奇（Catherine de Médicis）从意大利给法国人的餐桌带来了很多好东西，比如咸点心、甜点心、各种糖果、各种饮料，还有饮食准则以及饮食习惯。柠檬汽水就是她带入法国的饮料之一。美第奇在当时的法国十分受欢迎，因此她很快就凭她个人的魅力打开了柠檬汽水在法国的市场。但与其他的行业相比，这远远不够，再加上她后来摄政的坏名声的影响，不久之后柠檬水的市场便衰落了。

变成醋

一切要从醋酿造商说起。1394年，一个由醋酿造商、流动售餐商、调料商、芥末制造商组成的行会正式成立。这个行会拥有醋、酸葡萄汁和芥末汁这三种液体的制作专利和贸易特权。醋贸易发展迅速，首先，因为制醋原料丰富，所以基本不会出现商品缺货现象：那些装在大桶里的葡萄酒由于运输不便，很多都被做成了醋；其次，醋并不只是一种简单的调味品，而且是一种有药效的灭菌产品，因此受到了广泛欢迎。

自中世纪起，除了葡萄酒之外，人们还认识了啤酒、蜂蜜酒、希波克拉酒——

一种由许多香料酿成的芳香葡萄酒，以及甜葡萄酒和甜烧酒。尽管这些饮料买卖自由，且每一种酒都促成了一桩新的贸易，但是自从蒸馏制酒法成功后，人们越来越对烧酒情有独钟。为了跟上时代，醋酿造商也开始售卖烧酒，因此人们同样可以在酸醋店喝到烧酒。与此同时，这一时期还出现了"汽水经营商"。经营商包括那些后背上背着柠檬汽水到处叫卖的流动商贩，以及二十余种饮料（包括含酒精的和不含酒精的，柠檬汽水只是其中之一）的生产商和销售商。

一方面由于汽水经营者之间的激烈竞争，另一方面也由于药剂师和醋经营者之间不断产生纠纷，且后两者总是以一种仇视的眼光对待同时售卖多种饮品的汽水经营者，因此被孤立的毫无组织的汽水经营者不得不重新整合，最终在路易十四的帮助下，于1676年形成了一个真正的职业。他们不再只是组织一个行会，而是联合烧酒经营商成立了一个更强大的商会。这就是我们过去可以在汽水店喝到烧酒的原因。没过多久，到了18世纪，由于咖啡成为比汽水更受欢迎的饮料，所以汽水经销商便都以"Café"（咖啡店）来为自己的小店命名了。

许可证4

直到今天，饮料经营许可证仍管理着法国的饮料贸易。

第二种类型的许可证（或称许可证2）允许售卖第一类和第二类饮料，如葡萄酒、啤酒、苹果酒、梨酒、甜酒和果汁、酒精度低于3°的蔬菜汁，以及享受蜜酒税率优惠政策的天然甜葡萄酒。

第三种类型的许可证（或称许可证3）允许售卖第二类和第三类饮料，如天然甜葡萄酒、以葡萄酒为基础的开胃酒和葡萄利口酒、草莓利口酒、覆盆子（framboise）利口酒、黑加仑（cassis）酒、樱桃（cerise）酒。

第四种类型的许可证（或称许可证4）允许售卖第一、二、三、四类饮料，如朗姆酒、塔非亚酒（tafia）、葡萄蒸馏酒、苹果酒、梨酒、含糖或葡萄糖的浓茴香酒和其他甜味的利口酒。但是，这类许可证无法通过办理获得，只能通过购买或者转赠的方法得到，且只有住在同一市镇的居民才能相互买卖或转赠这种许可证。

在每个城镇里，第二、三、四种许可证的发放量均限定为450位本镇居民。

汽水店

早先，红色闪光灯是汽水店的标志，但是这种标志很快被赋予了坏名声，至少在夜间，汽水店便成了"小偷、扒手和放荡不羁的人"作案的地方。因此，1685年，政府出台了管理条例，要求汽水店在11月到次年3月间晚上5点必须关门，在4月到10月间晚上9点必须关门。到了1704年，管理条例变得更加严厉。旧的汽水店先后被要求停业，新店则被要求购买经营权，这些经营权后来只有通过遗产继承或出售的形式才能转让。据统计，当时的巴黎，总共颁发了150个汽水特许经营权证书。

相关法律条例

为了更加系统地对饮料的制作、销售和消费进行管理，饮料在法律上被分为以下五大类：

1. 无酒精饮料，主要包括矿泉水、汽水、未发酵的或不含酒精的果汁和蔬菜汁（由于它们在发酵初期，酒精度就超过 1.2°）、糖浆、冲剂、奶、咖啡、茶、巧克力；

2. 未经蒸馏的发酵饮料，主要包括葡萄酒、啤酒、苹果酒、梨酒、蜂蜜酒以及享受蜜酒税率优惠政策的天然甜葡萄酒，还有黑加仑甜酒和经过发酵的酒精度为 1.2°—3° 的果汁和蔬菜汁；

3. 天然甜葡萄酒（不包括上述第二项所说的那类）、葡萄利口酒、以葡萄酒为基础的开胃酒和草莓利口酒、覆盆子利口酒、黑加仑利口酒和樱桃利口酒（以上所述均不包括酒精纯度为 18° 以上的饮料）；

4. 朗姆酒、塔非亚酒、由葡萄酒蒸馏所得的酒、苹果酒、梨酒或者其他果酒，以及无任何添加物的和含糖量一般的利口酒，还有葡萄糖或蜂蜜的含量最低为每升 400 克的茴香利口酒和葡萄糖或蜂蜜含量最低为每升 200 克的其他利口酒，其中不包括高于每升 500 克的酒。

5. 其他所有酒精饮料。

人类发明了气泡

追溯气泡的历史

　　众所周知，气泡是从杯底向水面上浮的，然而它的发展却要倒回人类历史的早期。气泡的来源首先要从几个最有名的天然含气矿泉水说起，比如，圣加尔米耶（Saint-Galmier）、圣阿芒（Saint-Amand）和韦尔热兹（Vergèze）(最有名的 Perrier 矿泉水正是出自此矿泉），通过对它们的研究，人们发现了一些与气泡有关的古罗马时期的线索。这些天然的含气矿泉水被发现后很快就得到了人们的认可和赞赏，还被人们赋予了各种各样的功效，同时也吸引了许多思想前卫的矿泉疗养者。19 世纪，浴疗学成功地深入人心，有人便想将这些有疗养功效的矿泉水装到瓶子里拿到药房售卖。如果说这件事牵扯到的是普通水，那实施起来肯定毫无困难，但矿泉水并非普通的水，所以情况便是另外一回事了。自 1767 年英国化学家约瑟夫·普里斯特利（Joseph Priestley）生产出第一杯含气的水起，一些科学家就指出这些气泡只是由二氧化碳组成。1770 年，瑞典化学家贝格曼（Torbern Bergman）发明了一种可以通过使用硫酸和白垩粉（craie）使水气化的仪器，这种仪器可以同时生产出大量的气泡。到了 1810 年，世界上第一本用于大量生产气泡的执照被一个叫约翰·马休斯（John Matthews）的美国人注册了。尽管如此，这些含气的水在医学领域仍被拒之千里。直至 18 世纪 40 年代，巴黎的汽水制造厂还非常少，并且当时这种添加了二氧化碳和小苏打的纯净水只有富人才可以享受得到。

　　好吧，水和气泡都说过了，那我们要谈论的植物呢？ 19 世纪初在美国这样的商业大国，汽水似乎永远供不应求。药剂师们想到一个可以使汽水在口味上更欣怡可口的方法，那就是把不同类型的植物加入其中，比如桦树皮（corce de bouleau）、蒲公英（pissenlit）、菝葜（salsepareille，在电影《蓝精灵》中，蓝精灵发现可以把这种植物加入汽水中，但其实我们的药剂师比它们更早发现这个秘密），以及各种水果提取物。用此方法制成的第一批含气饮料是以有药效的苏打水的形式进入人们生活的。而后，随着人们对这类保健饮料需求的增加，瓶装汽水便开始发展起来，就这样，汽水被人们带到了家中。据统计，在汽水发展史上，世界上一共有 1500 多个专利被注册，包括密封系统的、瓶装样式的、合缝方式的和所有与阻止气泡泄漏有关的技术。毫无疑问，以植物为基础的最具代表性的汽水就是可口可乐，这不仅是因为它在工业上和口碑上取得了令人难以置信的成功，同时也因为它为所有新式汽水打开了市场。

咖啡馆

第一家咖啡馆

　　汽水店后来的发展道路相当特别。其贸易发展方式不同于其他饮料贸易的发展方式,我们不仅能在欧洲看到命名为"咖啡馆"或"小酒吧"的文人聚集地,在世界其他地方,我们也都可以发现它们的踪迹。一切开始于君士坦丁堡(Constantinople),1475年,第一家贩卖咖啡的小铺在那里开张了。1570年左右,咖啡传播到欧洲,第一次出现在威尼斯,人们猜测它可能是由植物学家阿尔皮尼(Prospero Alpino,意大利医生和植物学家,因将咖啡和香蕉引进欧洲而著名。——译注)从大西洋返回时带回来的。当时,人们对这种饮料的消费是隐蔽且非常有限的,所以它还是一种令人好奇的东西。直到1606年奥斯曼人将它带到了维也纳这个地方,咖啡才算是

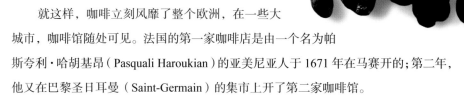

开始真正博得民心。奥斯曼人还带来了羊角面包，这正是我们今天早餐所吃的奶油羊角面包的来源。在从维也纳返家的途中，奥斯曼人丢弃了库存的咖啡，被波兰商人哥辛斯基（Kolschitzky）捡到，便建立了一家咖啡馆，这就是欧洲第一家咖啡馆的来源。为了掩盖咖啡的苦涩，哥辛斯基往咖啡里添加了蜂蜜和牛奶。

就这样，咖啡立刻风靡了整个欧洲，在一些大城市，咖啡馆随处可见。法国的第一家咖啡店是由一个名为帕斯夸利·哈胡基昂（Pasquali Haroukian）的亚美尼亚人于1671年在马赛开的；第二年，他又在巴黎圣日耳曼（Saint-Germain）的集市上开了第二家咖啡馆。

开辟市场

从1570年第一批咖啡种子到达欧洲算起，或许真的经历了几十年时间，咖啡的种子才在1644年到达法国这片土地。想要大力推销咖啡，仅仅靠卖咖啡种子是远远不够的，人们还需要做一些深入人心的宣传和市场调研。一位售卖咖啡的罗克先生（Roque）正是这么做的，他曾备齐所有制作咖啡所需的用具，将制作咖啡的工艺教给他的顾客们。很快，法国的贵族们开始讨论一些著名的意大利咖啡师。与此同时，奥斯曼人将咖啡的制作方法传播开来，并建议人们使用日本的瓷器饮用咖啡。奥斯曼人的宣传吸引了大批咖啡消费者，尤其是女性，这些女性通常会在一些衣着华丽、年轻帅气的男仆的陪伴下来购买咖啡。

咖啡店的风靡

1686年，一个名叫弗朗西斯科·普洛柯普·泰·科尔德尔里（Francesco Procopio dei Coltelli）的意大利人在巴黎圣日耳曼德福塞大街上（rue des Fossés-Saint-Germain）开设了普洛柯普咖啡馆（le café Procope）。这是巴黎最古老的咖啡馆。很多名人都经常光顾这家店，比如狄德罗（Diderot）、达朗贝尔（d'Alembert）、伏尔泰（Voltaire）、博马舍（Beaumarchais）、丰特奈尔（Fontenelle），以及其他一些文人雅士。在接下来的100年中，咖啡店迅速矗立在巴黎的各个角落，据统计，18世纪的巴黎大概有3000多家咖啡店。在这些后发展起来的咖啡店里，人们几

完全疯了

塞尔查水（Seltz）也是一种天然含气的矿泉水，其水源来自德国的下塞尔特斯（Niederselters）。自 16 世纪起，它便因具有滋阴、利尿和助消化功能而享有盛誉。到了 19 世纪，随着汽水消费需求的增加，人们通过添加二氧化碳的方法制作出了塞尔查汽水。当时的汽水有两大缺点亟待改进。首先，随着消费需求的增加，汽水浪费问题也逐渐严重。实际上，当人们打开一瓶汽水时，只有前两三杯是真正的汽水，其余的很快就会变质；其次，在打开瓶盖时，汽水经常会喷溅到他人，这样做既浪费了汽水又不安全。从这方面来讲，吸管的发明确实为汽水带来了一个真正的改进。此外，当人们调制鸡尾酒时，汽水强大的喷射力经常会把杯中的酒顶出杯外，并使其呈现出一种让人感到兴奋的炫酷的混合状。有些非常迷恋这种做法的人甚至曾把塞尔查汽水加入葡萄酒中，也许有人会对您说，他完全疯了。

乎看不到早期店内那种闪耀夺目的装饰，也几乎享受不到高质量的消费，相反，平价饮料和形形色色的社会面孔却成了它们的标记。当时开在巴黎皇宫（Palais-Royal）周围的咖啡店也特别多，其中有 1/4 属于奥尔良公爵（Duc d'Orléans）。多亏他当时下令禁止警察出入咖啡馆，人们才可以肆无忌惮地批判国王。咖啡店由此获得了言论自由的特权，即便到了后来，在法国大革命的冲击之下，这种自由依然被保存了下来，而且每当新的革命潮流涌现，咖啡店都会变成新思想的聚合地点。罗伯斯庇尔（Robespierre）的拥护者都聚集在军事咖啡馆（Café militaire），荣军院的山岳派（les Montagnards）聚集在加侬咖啡馆（Canon des Invalides），雅各宾党人（les Jacobins）则聚集在奥都咖啡馆（Café Hottot），甚至保皇派（les Royalistes）也有他们的咖啡馆——夏特尔咖啡馆（Café de Chartres）。总之，咖啡馆随着时间的流转逐渐变成了一个讨论、辩论、文学活动和政治活动的中心，并以这种独特的方式促进着社会的发展。与此同时，咖啡馆还是一个传统，一个永远活跃在文学界和令人咋舌的哲学界之间的传统。

饮料的历史和希格斯玻色子（Le boson de Higgs）

　　人类真是太奇怪了。一方面，他们越来越频繁地钻出自己的洞穴，另一方面，他们又能创造出一些令人惊叹的发明，并不断用自己的双手奚落诸神。我们所喝的饮料就是这么来的。在远古时期，或者更准确地说，在人类文明的初期，茶就被人类制作了出来。同时他们还制作出了高酒精度的葡萄酒，而到了中世纪，他们又制作出了果渣酒（piquette），以及我们现在所喝的各类葡萄酒。这些饮料多到人们都来不及给它们改名。

　　一个笑话曾这样说道，"奶酪就是牛奶向永恒的转变"，而这个转变人类仅仅用两步就可以完成。首先将甘蔗糖浆与适量牛奶混合在一起，然后将二者的混合物酒精化就可以了。同时，人类还实现了生命的永恒，比如随着蒸馏器的发明，人类将植物中的活性因子提取了出来，并将这些活性因子转变成了永不变质的酒精。那么，这种转变是从何时开始的呢？不知道。几百年来，随着人类历史的发展，饮料的需求也不断扩大。在接下来的数个世纪里，我们期待着一个具有新意的革命性发明。对这个革命性发明，您是如何想象的呢？接下来将会出现怎样新奇的饮料呢？［不要告诉我是冻干水（l'eau lyophilisée），我没有开玩笑，不然在庆祝日那天，我都高兴不起来……］石榴糖浆里的希格斯玻色子（le boson de Higgs）藏在哪里了？让我们拭目以待吧。不过，现在先让我们跟随本书的介绍，认识下这些饮料植物吧。

形形色色的
饮料植物

知识的甘露

杏树（*L'ABRICOTIER*）

　　杏树起源于中国，自古以来，杏树就因其果实的药用价值而被当作药物使用。若说到这种果实的口味，我们不得不承认，还是生长在阿富汗（Afghanistan）、伊朗（Iran）、高加索（Caucase）和亚美尼亚（Arménie）这些西部地区的杏子更好吃，因为那些地区的很多品种都得到了种植者的改进；其中，亚美尼亚人还专门为他们的杏树取了拉丁文名字，致使很多人误以为这种果树起源于拉丁系国家。今天，土耳其和伊朗已经成为世界上杏产量最大的国家。杏树在法国则出现得比较晚，公元 10 世纪时，人们在朗格多克和鲁西荣（Roussillon）一带认识了这种植物，但是直到 15 世纪，国王勒内（Roi René）鼓励人们在卢瓦尔河（Loire）流域大力种植杏树之后，这种植物才算真正扎根在法国。由于杏子含有丰富的糖，再加上它是一种口感极佳的水果，因此，它被制作成饮料就一点也不令人感到意外了。最适合杏子的液体形态莫过于杏汁和杏露，而杏子同样也可以用于制作酒精饮料。

　　在这里我们向大家介绍一种由杏仁制成的利口酒。其做法非常简单，只需将一百多个杏仁浸泡在 1 升 40° 的烧酒中（注意不要把果肉刮得太干净），再往里加入 600 克的糖就可以了。接下来，我们需把这种混合物全部装入密封的广口瓶中，并将其在阳台或者其他有阳光的地方放置几个月到一年的时间。然后取出液体将其过滤，再往过滤后的液体中加入 10 厘升的白兰地酒，杏仁利口酒就做好了。在土耳其，人们经常会选用非常成熟的杏来制作一款烈酒。通常，他们会先将杏子的果肉部分挤压成汁，再用酵母粉把这些汁发酵，然后进行蒸馏，最后把这些液体装入橡木桶或杏木桶中（口感更醇厚）密封几年，桶里的蒸馏酒就会慢慢地变成一种陈酿酒。此外还有一种酒，它的制作方法比我之前曾尝过的所有杏酒的制作方法都要精细。这种酒源自罗马尼亚（Roumanie），其容器是一个体积为 1 升的星形瓶，瓶盖上突起的部分是一张尼古拉·齐奥赛斯库（Nicolae Ceausescu）的黑白照。

文学小贴士

　　"杏汁，完美。如果她点一杯杏汁，我就娶她。"佛朗斯瓦这样想。

　　几分钟后，娜塔莉看着菜单，好像做了一番深思。这种深思在刚才同样出现在那个陌生男人的脸上。

　　"我要一杯……"

　　"……"

　　"一杯杏汁吧。"

　　他看着她，她的面容仿佛可以撬动庸常的生活。

——大卫·冯金诺斯（David Foenkinos），《一吻巴黎》（*La Délicatesse*），（2009）

"鸡尾酒"

快乐之饮
(Happy drink)

1 人份配料
5 厘升橘子汁　5 厘升甜菜汁　5 厘升苹果汁

制作方法
将所有原料和少量冰块放入
调酒壶中摇匀，
倒在一个高 25 厘升的杯中即可。

植物小百科

　　杏树，源自中国，粗壮高大，通常高 5—6 米。
树干覆有一层灰褐色的树皮，略纵裂。落叶乔木，
全叶型，基部呈椭圆至近心形，叶缘呈圆钝锯齿形。
花瓣呈白色，花朵由 5 个花瓣组成。先开花，后长叶。
果实为果肉多汁的有核浆果，果皮柔滑，近黄色。

苦艾 *菊科*　　绿色仙子

苦艾

　　苦艾的原产地一直是个谜，人们很难定位它的"故乡"，但我们可确定的是，这种植物自古以来就被当作药用植物使用，这一点已被古埃及人证实。苦艾最令我们感兴趣的地方莫过于由它制作的一款利口酒。这种利口酒最早出现在 18 世纪的文学作品中，记载显示，苦艾经过蒸馏后，被添加到一种混合了茴香和茴芹（anis vert）的药物性饮料中。这种饮料由一位名叫亨丽埃特·亨利厄德（Henriette Henriod）或苏珊娜 – 玛格丽特·亨利厄德（Suzanne-Marguerite Henriod）的瑞士土法接骨医生发明。后来，丹尼尔·亨利·杜比埃德（Daniel Henri Dubied）和他的女婿亨利·路易斯·彼诺（Henri Louis Pernod）获得了这一配方，并制作出了第一款以苦艾为基础的开胃饮料，或者说，那位接骨医生所发明的饮料是各种苦艾酒的起源。

　　1805 年，亨利·路易斯·彼诺在法国蓬塔利耶（Pontarlier）创办了一家自己的烧酒厂，苦艾酒便是他最初推出的系列产品之一，后来这些酒成了当地的代表性饮料。1830 年，法国军队开始征服阿尔及利亚（Algérie），为遏止痢疾的传染，士兵们经常会在饮用水中加入几滴苦艾酒。

　　返回法国后，这些士兵将苦艾酒介绍给法国人，很快，随着需求量的增加，苦艾酒的生产规模也不断扩大，以至于到了 19 世纪 70 年代，苦艾酒的价格大幅下跌，这种最初只能由一些杰出人物（包括一些知识分子）储藏的饮料，变成了一种大众消费品。此外，由于受到一些劣质苦艾酒的影响，苦艾酒的价格后来通常没有葡萄酒高。这种绿色仙子（指苦艾酒）同时还是一种毒药，苦艾酒中所含的甲醇，不仅是一种毒害神经的物质，还是一种众所周知的堕胎药。自 1875 年起，医生、反饮酒组织、教会和一些工会联合起来，用"苦艾酒会致人发疯"这样的标语极力抵制苦艾酒。终于在 1915 年 3 月 16 日，法国政府宣布禁止苦艾酒生产。生产者被迫纷纷改行；直至 1932 年，借助一种无糖的茴香饮料，保罗·里卡德（Paul Ricard）成为再次打开相关酒类市场的第一人，第一批茴香酒诞生了。（最早的茴香酒是模仿苦艾酒的味道制作出来的。——译注）

"鸡尾酒"

苦艾甜酒
(Crème d'absinthe)

20 人份配料
70 克苦艾叶　1 升水果酒
1/2 个柠檬　450 克糖　50 厘升水

制作方法
首先将苦艾叶（新鲜的苦艾叶尖最好）、
柠檬片和酒放入双层蒸锅中，加热至锅中
汁水剩下一半。然后再将水和糖熬制成糖浆，
待其冷却。最后把糖浆与锅中的
汁水进行混合。
再将混合液过滤，装瓶。

植物小百科

　　苦艾，多年生芳香型草本植物，高可达 1 米，根基顽强。叶互生，灰绿色，背面近白色。最大叶位于底部，长度可达 20 厘米，叶柄发达。全株被大量丝样茸毛紧贴。花期为 7 月—9 月，黄色花，管状花瓣，排列为头状花序。

美味的多肉植物

龙舌兰 *龙胆科*

龙舌兰 (*L' AGAVE*)

在美洲热带沙漠地区，尤其是在墨西哥一带，生长着大约 200 种龙舌兰。一直以来，这类植物就被生活在这些地区的印第安人当作药用植物、食用植物或纸纤维植物使用，此外，龙舌兰也是一种宗教植物，因为对于阿兹特克人来说，在公共场合饮酒必须受到严厉的惩罚，唯一的例外就是在宗教典礼上饮酒，而龙舌兰酒就是其所喝的酒之一种。人们需要收集龙舌兰汁来制作这种酒，现在人们通常会选择那些已生长 6—10 年（龙舌兰开花所需的时间期限）且正在开花的龙舌兰收集汁液。为了方便收集，现在这些龙舌兰的叶子被龙舌兰的种植者修剪出一个类似于大凤梨或大洋蓟状的草心。而在过去，它们的草心会被人们一个个地挖出来。在 6 个月到 1 年的时间里，这种植物每天可持续提供几升龙舌兰汁。接下来，人们会把这些收集到的龙舌兰汁倒入一个密封的容器中，然后将其置于通风处，使其自然发酵，最终这些汁液就会变成一种低度酒精饮料，这种饮料就是龙舌兰酒。这种手工制作法已经流传了数世纪，过去人们甚至可以在一些龙舌兰酒专卖店——"pulquerias"（专供这种酒的小酒馆）品尝到这种纯发酵酒。西班牙征服者的到来改变了龙舌兰酒。为寻找一种更刺激的感觉，西班牙人将蒸馏技术带到了美洲，并将其传播给当时还不认识这种机器的印第安人。比起费力等待慢慢发酵的低酒精度龙舌兰酒，西班牙人更倾向于烈酒的味道，在连续两次的蒸馏之后，西班牙人终于生产出了一种浓度更高的酒——梅斯卡尔龙舌兰（mezcal）。根据龙舌兰的生长地域、品种、采集方式的不同，龙舌兰酒的种类也不尽相同；其中最负盛誉的就是——墨西哥的特基拉龙舌兰酒（tequila）。

文学小贴士

去库纳瓦卡（Cuernavaca）的公交车上我回味着塞尔瓦（Selva）的赌场旅馆里火山爆发般的柔情。太阳渐渐在西风中迷失，而我这个犹如中了马钱子碱（strychnine）毒的幽灵，还想要做个酒鬼，欢迎啊，马尔科姆·洛瑞先生（Malcolm Lowry），在刺眼的血红色月光下，梅斯卡尔龙舌兰酒（mezcal）和墨西哥特基拉龙舌兰酒（tequila）相融，自由古巴（Cuba libre）掺杂着啤酒。

今晚，我将沉醉！
男人！墨西哥万岁！
沉醉吧！为什么不呢？

——休伯特·费利克斯·蒂埃费恩（Hubert-Félix Thiéfaine），《梅斯卡尔与特基拉》（*Pulque mescaly tequila*，1998）

日出龙舌兰

（Agave sun）

1人份配料

4厘升墨西哥龙舌兰酒　2厘升龙舌兰干叶

2厘升绿柠檬汁（最好选用新鲜的绿柠檬汁）

制作方法

首先用柠檬片将"玛格丽特鸡尾酒杯"的杯沿蘸湿，再将蘸湿的杯子在细盐面中蘸一下，使其沾上一层"盐霜"。然后，将墨西哥龙舌兰酒、龙舌兰干叶和冰块一同放入摇酒器中摇匀。最后，把摇好的酒倒入杯中。

植物学小贴士

　　龙舌兰，全株生长于一个短得几乎不可见的茎上，叶子呈宽大簇状生长，多肉厚长，淡蓝色，带有纤维，叶缘具有疏刺，顶端有硬刺。花位于5—6米的大花葶上，大方壮观，一般开花后母株枯死。

可以喝的苦汁

扁桃树 (*L'AMANDIER*)

扁桃树,有一类人非常钟情于这种植物。或许是由于它能很早开花的缘故吧;就在我写下这几行字的时候,一月的脚步正悄悄走来,南方所有的花儿都已开放。在还未捕捉到春天的身影前,只要看到扁桃树上的点点红花,我们就会相信春天的温暖又将重新降临。这种植物起源于中亚的阿富汗、土库曼斯坦(Turkménistan)和伊朗一带的山区,后来慢慢向西传播开来。扁桃树自古以来就是地中海沿岸的标志性植物之一;其种植面积可与橄榄树的种植面积相抗衡。在法国,它起初一直被种植在南方,且扮演着并不起眼的角色,直至中世纪,奥利维尔·德·塞尔(Olivier de Serres)看中了其顽强的抗旱性,并把它引入其他地区,人们才开始对这种植物有所了解。其中,在法国比较著名的当属产自都兰地区(Touraine)的扁桃。扁桃之所以被引进到饮料的制作中,正是由于它的医学功效。

过去,人们常常用"orgeade"一词表示由煎熬成糊状的大麦制成的一种液体药剂。这种药剂尤其多被用来治疗肠道疾病和胃部疾病。后来,这个词的意义得到扩展,被用来指一种由大麦种子和其他种子配制成的乳剂,这些种子必须有不溶于水、受热变质的特性。为使这种乳剂的口感更容易让人接受,人们通常会在里面加入一些扁桃仁。这种浓稠的乳剂还有美容养颜、护肤抗皱的功效,美中不足的是,它在很短的时间里就会变馊,而且容易干裂。因此人们想到了一种既可以掩盖这种味道又不改变其配方的方法,那就是在乳剂中加入适量的糖。随着时间的推移,这种乳剂的原料不断被改变,大麦和其他种子的分量逐渐被减少,直到最后,它成了一种单纯由扁桃仁制成的饮料,这种既解渴又养生的饮料,正是我们今天所喝的扁桃仁露。

文学小贴士

"夏尔害怕看到她晕倒,便迅速跑到一个小酒吧,为她买了一杯扁桃仁露。"

——居斯塔夫·福楼拜(Gustave Flaubert)《包法利夫人》(*Madame Bovary*,1857)

为了从他那里弄到更多的钱,
她偷偷离开,
这正是我猜到的那样。

——如果您嫁给苏扎(Souza),他会嫉妒的。

——哦!哈哈,嫉妒?
喝一杯扁桃仁露,你就不会丢了情人![法语里amande(扁桃仁)与amant(情人)谐音,因此说喝扁桃仁露就相当于和情人在一起了。——译注]

——谢内多莱的查尔斯·朱里恩·利乌勒特(Charles-Julien Lioult)《日记精选》(*Journal: extraits*,1803—1833)

"鸡尾酒"

扁桃树下的小憩
(sous les amandiers)

1 人份配料
12 厘升扁桃仁汁　8 厘升蔓越莓汁
0.5 厘升扁桃仁露

制作方法
依次将扁桃仁汁、蔓越莓汁、
扁桃仁露倒入一个有 3—4 块冰块的杯中
即可,注意喝前不要搅拌。

植物小百科

扁桃树,落叶乔木,通常高 6—12 米,树皮龟裂,
树干近黑色。花期早,自 1 月起,简单花型,白色,
先开花后长叶。叶细长,略毛糙,果实是一种有核
的浆果,核中含仁。

没有比这更温补的了

当归 伞形科

当归（*L'ANGÉLIQUE*）

只要去阿尔卑斯山或比利牛斯山的山幽溜达一圈，我们就一定会发现当归这种植物，那里的当归其实是一种分布面积更小、稍有香气的当归——林当归（*Angelia silvestris*）。每逢开花期，当人们看到总有一群蜜蜂在我们花园里那棵高大的当归树周围飞来飞去，以及每当人们用手去搓它的叶子并闻到一种迷人的麝香味时，人们就会非常清楚地感觉到这种植物的无可替代的美好。相传这正是大天使拉斐尔（Raphaël）赠送给人们的礼物。

当归自古以来就被应用在医学上，并且被人们赋予了很多功效。到了中世纪，当归开始频繁地出现在人们的花园里，成为百姓药典里的必需品。由于这一时期正是巫术和超自然力量在人们精神中根深蒂固的时期，当归便被人们赋予了很多神奇的功效，比如降服妖魔、延长寿命、抵抗瘟疫。即便是菲利普斯·奥里欧勒斯·德奥弗拉斯特·博姆巴斯茨·冯·霍恩海姆（Philippus Theophrastus Aureolus Bombastus von Hohenheim）（好吧，也就是我们所说的帕拉塞尔斯），这位 16 世纪著名的医生，似乎也对此类传说深信不疑；他认为 1510 年米兰瘟疫期间，人们之所以能得救，正是因为他们喝了溶解在葡萄酒中的当归粉。

当归也曾有过扮演主角的光荣历史，在 1602 年那场瘟疫期间，特别是在瘟疫的传染期，由于具有抵制瘟疫的功效，当归的种植传播到了尼奥尔（Niort），并最终艰难地在那里扎下了根。而在此之后，当归的用途逐渐被转移到了糕点上；尼奥尔的当归就是因糖渍而获得美誉的，但这又是另外一个故事了。

如果去周围的酒吧闲逛一圈，我们就能知道当归的价值所在，尤其是当人们用它制作一种助消化的利口酒时，更能将它的价值展现得淋漓尽致。遗憾的是，这种酒却受到了不合理的轻视。

文学小贴士

"我忘了哪个是廊酒（Bénéd-ictine）！（又称当酒、本笃酒，产自法国诺曼底地区。——译注）桌子上一共有 7 瓶利口酒，但到底是哪个……"

[这时玛德琳娜（Madeleine）回来了]

他们想要什么？

她当时想的根本不是这件事！因为她当时离壁橱只有几步路，但是她没去拿，反而过来教训我！我什么时候需要她来教训我！啊！

——伯纳德·穆拉（Bernard Murat），《我有一个梦想》（*Désiré*，1996）台词对白

"鸡尾酒"

天使女爵
（Marquise des anges）

10 人份配料
1 升 45° 烧酒　40 克当归籽
20 克香菜　1 汤勺茴香籽　1 汤勺八角
1 片柠檬片　60 厘升甘蔗糖浆

制作方法
将当归籽、茴香籽和柠檬片放在烧酒中浸泡一周。
之后用筛滤器过滤，再往过滤后的
酒中加入甘蔗糖浆。
最后把这些配料混合装瓶。

植物小百科

　　当归，大型草本植物，两年生，高 80 厘米到 2 米之间，全株芳香浓烈。茎为红色，粗壮结实，且多分枝。叶子切割点有 2—3 处，从叶下看更清晰。黄绿色花朵，花期为 6 月—8 月，呈半球状伞形花序，花序半径为 20—30 厘米，叶端多毛。

马赛的混乱

茴芹 (*L'ANIS VERT*)

茴芹、茴香、苦艾这三种植物不仅能够解渴，而且具有药效（都是兴奋药和健胃药），因此自古以来它们就在医学方面具有很高的利用价值。早在 25 个世纪以前，人们就开始"大量饮用"（拉丁语：*le vinum silatum*）一种以茴香和苦艾为基础的开胃酒。苦艾大多采自阿尔卑斯山山脉，茴芹则大多生长在沿海地带。尽管相距甚远，但是这两种植物的命运却紧密相连。19 世纪时苦艾酒就已经滋润了成千上万焦渴的嘴唇，并拯救了太多命悬一线的灵魂，但在 1915 年时，这种酒遭遇了禁令。在它被禁止的五年内，所有与这个"绿色仙子"有关的饮料都被牵连了进来。后来，在消费者和酿酒者的一致要求下，法律终于在 1920 年变得不再那么严厉了。它规定人们可以饮用有茴香味的开胃酒，只要这类饮料的酒精度不超过 30°，且原料中不含苦艾，颜色不是绿色。然而，这个酒精度并不能给予消费者一个满意的口感。两年后，法律又规定，这类饮料的酒精度最高可达到 40°，尽管这个度数相比之前提高了许多，但这并不足以释放苦艾中的所有灵魂。1938 年，法律终于允许人们饮用 45° 苦艾酒，这个度数可以使苦艾完全释放出它所有的魅力（今天仍有最低度的苦艾酒），一时间，从最出名的品牌到最不出名的品牌，只要是这个度数的苦艾酒，就能受到人们的热烈追捧。因此，那时人们所说的 45º 苦艾酒，通常指的是所有拥有同样度数的茴香味酒。

1940 年，茴香酒（近年来，人们一直这样称呼所有带茴香味的酒）被禁止生产。人们把责任归咎于法国在第二次世界大战期间的军事失败，以及维希政府对这种饮料的控告（他们控告因喝了茴香酒而萎靡不振的士兵，进而控告茴香酒削弱了国家的活力）。从那时起，茴香类酒的走私便开始兴起并一直被延续下来；直到今天，我还记得，在 20 世纪 60 年代的马赛，人们可以毫不费力地弄到那些圆乎乎、小巧玲珑的茴香酒瓶，而且那时候，家庭自制茴香酒非常流行。

文学小贴士

"le caganis" 是普罗旺斯语中的一个阳性名词，常用来表示一个家庭中最小的儿女。这个词是由动词 caga（清除粪便）和名词 anis（茴香）构成的。如果我们了解到 19 世纪时人们通常用茴香籽给婴儿洗澡这件事，便不难理解人们用该词来羞辱一个成年人的原因。但是，如果人们对自己的孩子说到该词，则表示一种非常亲切的含义，比如，一个母亲抱起她的婴儿时经常会说："我的小宝贝在哪里？"

——罗伯特·布维尔（Robert Bouvie），《马赛方言》（*Le Parler marseillais*，1986）

如果您想了解更多，在此我可以透露，该书作者罗伯特·布维尔本身就是兄弟姐妹中最小的一个。

“鸡尾酒”

派罗奎特

（Perroquet）

1 人份配料

2 厘升茴香烧酒　2 厘升绿薄荷甜酒

4 厘升水

制作方法

将以上所有原料倒入一个

25 厘升的杯子，

然后用冰镇水填满杯子

即可饮用。

植物小百科

　　茴芹，一年生或两年生草本植物，高 50 厘米—1 米，茎干竖立，呈凹形。叶子具有长叶柄，由 3 片小叶形成。白色小花，呈伞形花序。其果实也是茴香这种植物的"种子"，属于干果，灰色（瘦果），微小型，果实形状为长方形且坚硬不易咬。

醉在茴香酒中的小虫子

八角茴香树（*LA BADIANE*）

八角茴香，或叫八角，主要分布在中国、日本、印度和菲律宾一带，但我们也可以在法国南方看到这种植物。

在以上这些国家的传统药典中，八角茴香一直以来就拥有举足轻重的地位，同时它也被应用在饮食方面。接下来，我们要谈论的是几种以八角为主要原料的茴香味利口酒。八角既是希腊人所喝的巴斯蒂茴香酒（pastis）和乌左酒（ouzo）的成分，还是珊布卡酒（sambuca，用茴芹、八角、甘草等香辛料炼制的精油酿造，同时含有接骨木花成分的酒。——译注）的主要原料。

说到八角茴香，我们就必须提到阿尼塞特茴香酒（anisette），"阿尼塞特"这个名字，指的是一款由许多植物制作而成的、酒精度在 20°—25° 之间的利口酒，比如意大利的茴香酒穆乐蒂阿尼塞特（anisetta Meletti），有条件的人不妨品尝一下。这种酒是一个名叫西尔维奥·穆乐蒂（Silvio Meletti）的人在 1870 年发明的，它常被作为助消化酒使用。偶尔，人们还会把它和一些经过烘焙的可可豆搭配在一起饮用，并把它形容为"像嘴里有苍蝇"（con la mosca）的酒。阿尼塞特还指另一种无色的开胃酒，这种酒在口感上比 40 多度的巴斯蒂茴香酒还要甜。在这种酒的配料中，八角、茴香占有一席之地。正如巴斯蒂茴香酒或者乌左酒的饮用方法一样，由于这种酒的甜度高，因此人们在喝这种酒时通常会加水稀释。另外，或许我们有必要说明，对于居住在阿尔及利亚的法国人来说，饮用阿尼塞特酒已经成了一种怀念故乡的仪式。从这点上讲，阿尼塞特酒不仅是一种普通的饮料，更是一种解忧抒情的美味佳肴，它流露出阿尔及利亚的法国移民们的祖祖辈辈对无法挽回的国家和流逝的时光的缅怀和忧愁。当阿尼塞特酒穿过了地中海，情况完成了另一回事。它更多地出现在人们喝开胃酒的时间里，味道似乎也发生了变化，只保留了几项传统阿尼塞特酒的特征。而传统阿尼塞特酒的所有品质，恐怕只有居住在阿尔及利亚的法国人和他们的子孙还完整地保存着。这似乎意味着，那种忧伤的回忆只能诉说给居住在阿尔及利亚的法国人和他们的子孙后代，在他们的耳边，时常回荡着这些名字：大茴香酒（anis Gras）、柯里达尔·里米那纳酒（Crital Limiñana）、佩尼柯斯酒（Prénix）或超级加利亚纳茴香酒（Super anis-Galiana）。

文学小贴士

竖起你们的耳朵，你们这些酒鬼中的醉鬼，你们还想喝茴香酒吗？圭拉（Cuila）说他还想喝，而我，迪奥佳尼（Diocane）也想要喝这种酒："啊，好吧！无论是伟人还是市井，所有的醉鬼都被它折服了。"

喝吧，尽情地喝吧，只要你肯为自己喝的洋酒和凯米娅酒（kémia）埋单。

——路易斯·拉夫尔卡德（Louis Lafourcade），《北非的和谐生活》（*Harmoies bónoises*, 1926）

"鸡尾酒"

星星之饮
（Etoile drink）

1人份配料
2厘升奶　2厘升咖啡酒
3厘升杜松子酒　1厘升白可可甜酒　1个八角茴香

制作方法
将奶、咖啡酒、杜松子酒、
白可可甜酒和几块冰块放入调酒壶中摇匀。
把摇匀后的混合物倒在一个"马提尼杯子"中，
同时过滤掉冰块。最后在制得的鸡尾酒上面
放上一个八角茴香即可。

植物小百科

　　八角茴香树，常绿乔木，高3—5米，树干非常粗壮，覆有一层浅灰色树皮，叶子四季常青，绿色，有光泽，厚革质，倒卵状至椭圆形。星形花，白玫瑰色，芳香怡人。果实为革质聚合果，蓇葖多为8个，呈八角形，每一个角内都有一个光亮圆滑的棕色种子。

草本甜酒

香蕉树（*LE BANANIER*）

香蕉主要是通过香蕉利口酒或香蕉甜酒进入饮料的。与我们的核桃酒类似，其配方在世界上的每个家庭中不尽相同，因此我们无法一一介绍。但是这些饮料都有一个共同的基础：几根特别成熟的香蕉［小芭蕉（les frayssinettes），这种小香蕉特别香，常被人们用来制作饮料］、适量的糖、水、烈酒（一般为60°，也可以用等量的烧酒或伏特加代替）。通常，在法国，人们会把以上所有原料混合成浆，然后将其在冷水中冰镇15天，最后添加适量的糖浆。

而另一种由香蕉制成的具有代表性的饮料就是巴纳尼亚（Banania），这是一个纯法式发明，它为所有含巧克力的早餐食品打开了商业道路（巴纳尼亚主要由香蕉和可可粉制作而成。——译注）。这种饮料受消费者喜爱的原因在于它是由香蕉制成的。1912年，一个名叫皮埃尔·拉尔戴（Pierre Lardet）的人在尼加拉瓜（Nicaragua）的一次旅行期间发现了一种以香蕉粉、可可粉、谷物粉、糖为基础的营养饮料。当他返回法国时，在这种饮料的启发下制作出了另一种饮料，后来这种饮料成了法国最有代表性的饮料之一——巴纳尼亚香蕉酒。

由于受原版设计的启发，在这种饮料的瓶子和包装纸盒最初的设计上有一个安的列斯人（Antillaise）的肖像，但是考虑到当时的战争环境，并为了利用人们受战争刺激而高涨的爱国热情，拉尔戴最终选用了一个塞内加尔（le Sénégal）土著步兵给殖民者加油的形象作为这种饮料的包装图案。很快，当法国殖民者在他国的领土上进行最可耻、最卑鄙的行为时，这个标语诞生了，所有人都认识这个标语："Y a bon Banania！"（那里有好喝的巴纳尼亚酒！）后来，为了给战士们送去精神和力量，具有号召力的拉尔戴带着一趟装满了14节车厢巴纳尼亚酒的列车踏上了奔赴前线的道路。

文学小贴士

"香蕉相当于一块牛排，一块马肉！但是比起香蕉，我更喜欢马，因为它的目光是那样温顺柔和，这是香蕉所不具有的。"

——皮埃尔·德普罗热（Pierre Desproges）

"鸡尾酒"

香蕉利口酒
(liqueur de banane)

10 人份配料
4 根香蕉　80 厘升伏特加
40 厘升水　300 克糖

制作方法
首先将所有香蕉去皮并切成圆片。
然后把伏特加酒倒入一个玻璃容器中，
再把香蕉片放入伏特加酒中浸泡 8 天。之后将
糖放入水中加热成糖水（注意不要上色），
待其冷却，再将香蕉浸泡酒过滤，
最后把糖水和过滤后的香蕉酒混合，
装瓶即可。

植物小百科

　　香蕉树，高大型草本植物，高 5—6 米，生长于
一个近似大球茎的地下根上。叶子大而长，略呈椭圆，
螺旋状嵌入茎，叶子直立或下垂。花序下垂，成串状。
果实：多肉狭长浆果，一般为黄色。

甜菜 藜科

像波兰女人一样圆润

甜菜（*LA BETTERAVE SUCRIÈRE*）

"我们的"甜菜来自波兰。很久以前，美索不达米亚人就经常食用甜菜叶（它的外形类似于菠菜叶），而它的根则尤其被应用在医学上。后来，随着历史的变迁，这种植物渐渐地被带到了北欧国家，途经高加索，最终选择在西里西亚（Silésie）扎了根。甜菜在欧洲的历史正是从这片位于波兰（Pologne）的辽阔大地开始的。18 世纪，瑞典著名植物学家卡尔·冯·林奈（Carl von Linné）对 4 种不同种类的甜菜做了详细的描述，并强调只有白色甜菜可用来种植。他还对 5 个甜菜品种做了标注：红甜菜、红色大甜菜、萝卜根红甜菜、黄甜菜、浅绿色大甜菜，并发现从这 5 个品种中，我们可以提取出 1 种相同的结晶糖，只是比例大小各异。而早在 1575 年，法国农学家奥利维尔·德·塞尔就在他位于阿尔代什省（Ardéchois）的田地里宣称，他已经能够成功提取甜菜中的糖浆了，他还告诉人们，只要把甜菜煮沸，就可得到一种糖浆，这种糖浆与甘蔗糖浆十分相似。

如今我们所说的"产糖甜菜"是由一位名叫安德烈亚斯·马格拉夫（Andreas Sigismund Marggraf）的德国人发现的。1747 年，他详尽地阐述了从各种植物中提取蔗糖的过程，这些植物中就包括甜菜。到了 1775 年，经由菲利普-维克托瓦尔·德·维耳莫（Philippe-Victoire de Vilmorin）的引进，甜菜到达法国。1806 年，拿破仑命令封锁欧洲大陆，导致一些殖民地的甘蔗无法进入法国，人们不得不重新找一些替代物，而这恰好推动了甜菜在法国的进一步普及。1810 年，来自里昂的植物学家和财政学家本雅明·德勒赛尔（Benjamin Delessert），将许多块晶莹剔透的结晶糖献给拿破仑。紧接着，在 1812 年，经过一系列工艺改进后，这位植物学家成功地利用甜菜提取到了蔗糖。后来，随着战争的爆发、税务制度的改革和奴隶制的废除，蔗糖在欧洲的处境变得动荡不安，致使甘蔗和甜菜的地位也忽高忽低。但最终，甜菜在人类的文明史上站住了脚。直到今天，它依然被人们大量种植，并将继续为糖的生产做出贡献。

文学小贴士

拉乌尔·沃尔弗尼（Raoul Wolfoni）："认错了，这只是意外。"

保尔·沃尔弗尼（Paul Wolfoni）："您说的有道理，有点奇怪，不是吗？"

......

保尔·沃尔弗尼："您说得太对了，不只有苹果，还有其他的东西，但应该不会是甜菜，嗯？"

费尔朗先生（M. Fernand）："不，包括甜菜在内"。

——《亡命的老舅们》（*Les Tontons flingueurs*，1963），导演：乔治·罗纳（Georges Lautner），编剧：米欧尔·奥迪亚（Michel Audiard）

"鸡尾酒"

快乐之饮
(Happy drink)

1 人份配料
5 厘升橘子汁　　5 厘升甜菜汁　　5 厘升苹果汁

制作方法
将所有原料和少量冰块
放入调酒壶中摇匀,
倒在一个 25 厘升的杯中即可。

植物小百科

　　甜菜,两年生植物,栽种第一年,块根多肉,
含丰富葡萄糖,颜色呈浅灰色至棕色。叶片饱满多肉,
叶脉密布,呈深绿色,叶丛高 30—50 厘米。栽种第
二年开花,呈穗状花序,分布在花茎顶端。

可可树（LE CACAOYER）

可可，这种起初并不能喝的东西是如何在穿越数千年后变成了我们今天所尝到的甜蜜柔美的饮料的呢？原因很简单，起初人们把这种饮料视为神水，所以凡普通人都不能饮用，更不要说像后来那样改变它的味道了。一些植物学家推测，可可树可能在公元前 4000 年左右的南美洲一带出现过，比如亚马逊河（Amazonie）流域和奥里诺科河（Orénoque）流域。然而，目前人类发现的最古老的可可树化石踪迹是公元前 1600 年的。1895 年，美国考古学家在出土的玛雅人的一些碗里发现了可可的痕迹。那些碗并不是我们平时吃早餐所用的碗，碗中写着孩子和大人的名字，这些证据说明了这种并不怎么好喝的饮料起初主要应用于宗教典礼。在当时，玛雅人常喝可可苦水（le chacau haa）这种饮料，它是由研磨的可可豆粉、适量的水、一些香料制作而成的。那是一种令人无法忍受的苦涩的饮料。后来，阿兹特克人又重新尝试改善它的味道，由于他们忘了加香草和蜂蜜，所以又失败了。他们把这种新饮料取名为 "xocoatl"，意为 "苦水"，这表明了阿兹特克人并没有给这种饮料的口味带来很大的改善。直至 20 世纪，人们才发现这种苦涩的、来自可可豆中的可可碱，是一种与咖啡因非常相似的物质，二者具有相同的功效，因此这种植物才能在宗教典礼上给人们带来兴奋和致幻的感觉。后来，因为可可在宗教方面的用途，卡尔·冯·林奈将这种植物取名为 "戴奥伯罗马"（theobroma），意为 "诸神之食"。可可树的命运如此传奇，其实都源于一个误会，因为印第安人从阿兹特克神话中得知，羽毛之神魁扎尔科亚特尔（Quetzalcoat）会在某一天返回故乡，因此到了那天，他们虔诚地等待着羽毛之神的到来。恰巧荷南·考特斯（Herman Cortes）和他的船队也在那天来到了印第安人等待羽毛之神的那个地方，因此印第安人误以为他就是羽毛之神。于是他们便以一种神秘的气氛围住了这个征服者，并且送给他一座可可树种植园。

文学小贴士

绕口令：吉吉是一个宝贝，科科是一个可可研磨机，吉吉宝贝特别喜欢科科可可研磨机，但是吉吉宝贝非常想要一个带领子的 kaki 背心，但科科可可研磨机只能给吉吉宝贝一个不带领子的 kaki 背心，或者一个过时的、蹩脚的三角帽，终于科科被吉吉宝贝的调皮打败，只能给吉吉宝贝一个带领子的背心，最后他说道：我不再咯咯叫了，我现在成了乌龟！

（Kiki était cocotte, et Koko concasseur de cacao. Kiki la cocotte aimait beaucoup Koko le concasseur de cacao. Mais Kiki la cocotte convoitait un coquet caraco kaki à col de caraçul. Koko le concasseur de cacao ne pouvait offrir à Kiki la cocotte qu'un coquet caraco kaki mais sans col de caracul. Or un marquis caracolant, caduc et cacochyme, conquis par les coquins quinquets de Kiki la cocotte, offrit à Kiki la cocotte un coquet caraco kaki à col de caracul. Quand Koko le concasseur de cacao l'apprit, que Kiki la cocotte avait reçu du marquis caracolant, caduc et cacochyme un coquet caraco kaki à col de caracul, il conclut : je clos mon caquet, je suis cocu !）

巧克力利口酒
(Liqueur de chocolat)

1 升 40° 烧酒　　500 克黑巧克力
1 升甘蔗糖浆　　1 升水

制作方法：
首先将巧克力切块，然后放入装有 1 升水的
平底锅中加热并来回搅拌，
再倒入甘蔗糖浆，冷却之后加入酒，
充分过滤直至浓稠，
最后装入瓶中即可。

植物小百科

　　可可树，热带灌木，喜阴暗潮湿，高 4—8
米。树干笔直挺拔，覆有一层灰色树皮。全年开
花，聚伞花序簇生于树干或粗枝上，并逐渐生成
卵球形浆果，果实近 1 公斤。核果成椭圆状，红色、
黄色或栗色。

欧洲巧克力

1528年，荷南·考特斯返回西班牙时，他的货舱中装满了一些欧洲人之前从未见过的植物，如西红柿、土豆、玉米、菜豆、南瓜、辣椒、烟草和可可，正是这些植物后来改变了人们的饮食习惯。在与查尔斯·昆特（Charles Quint）的一次谈话中，他高度赞扬了可可这种植物，并明确指出这种植物可以用来制作一种令人兴奋又强身健体的饮料。"这种珍贵的饮料，一杯足够让一个人不用吃任何东西就走上整整一天。"后来，这种饮料受到了较多人的欢迎，至少在小范围内得到了许多不错的反馈。另一个对巧克力的发展做出贡献的人，就是加尔·考特斯（Car Cortes），他为巧克力带来了几种有用的植物，并使这种饮料的味道得到了改善，很快，整个西班牙的贵族都开始喜欢上它。当然，此时的巧克力与我们今天所喝的醇香诱人的气泡巧克力还相差甚远，直到1585年这些重要的饮料来到墨西哥，巧克力才开始成为人们日常饮食中重要的组成部分。墨西哥贵族阶级为这种饮料的改善做了一些贡献，他们发现喝热巧克力时可以加入龙舌兰汁、香子兰、麝香或橙花以使它的味道更诱人，而印第安人却不这么做，他们时常喝凉巧克力。后来，查尔斯·昆特大力鼓励可可的生产（其实可可的生产当时已成为国家专营），并颁布了严格的税率政策。16世纪末，他开办了第一批西班牙巧克力工厂，很快，这种饮料征服了整个欧洲。但是，它真正扎根到法国的时间是1615年，在路易十三（Louis XIII）和西班牙公主奥地利德安妮（Anne d'Autriche）的婚礼之后。随着影响的扩大，这种诱人醇香的饮料逐渐成为一些贵族的首选，从塞维涅侯爵夫人（marquise de Sévigné），到红衣主教黎塞留（Richelieu），再到后来的路易十四的妻子曼特农夫人（Madame de Maintenon）。1559年，萨瓦市（Savoie）的伊曼纽尔·菲尔波特公爵（Emmanuel-Philibert）从意大利北部的皮埃蒙特区（Piémont）带来了一些可可豆，从此以后，巧克力就再没有离开过那片土地。直到今天，正如咖啡一样，巧克力在意大利仍有一席之地。

"鸡尾酒"

极致美味巧克力
(Parfait chocolat)

1 人份配料

70 克苦巧克力　　50 厘升牛奶

2 厘升蜂蜜　　半个橘子

2 厘升肉桂糖浆　　5 厘升白朗姆酒

制作方法

首先将橘子切成薄圆片待用，
然后将 70 克苦巧克力溶解在 50 厘升牛奶中，
放入冰箱冷却。紧接着，把冷却后的混合物和
剩余的配料全部倒入调酒壶。
充分摇匀后倒入一个
高脚杯中即可。

炼金术，一种神秘莫测的东西

　　可可，又丑又难闻，且不好吃！只有通过一系列复杂的化学变化才能成功让它蜕变成可食用的物质。成熟的可可荚果非常透亮，人们甚至可以看到荚壳里那些一个挨一个排列在一起的光滑的粉色小豆。然而这份乐趣只限于眼睛，因为这种状态下的可可豆并不能吃：人们可能永远都想不到巧克力的味道来源于这些起初又酸又涩的可可豆。尽管现在我们总算明白这是由一连串的工艺带来的转变，但是我们将从不会知道到底是谁最先想到了发酵可可豆这个好主意的，也不知道是谁最先想到烘焙可可豆这个好办法的。这方面的相关线索已经丢失，因为西班牙人拒绝了所有与印第安人有关的知识。当可可豆被碾碎后，可可豆中的可可粉和果肉就会处于流通的空气中，并立即被空气中的一些活菌感染，而第一种活菌就是能够引起酒精发酵的啤酒酵母菌。在可可豆中的糖转化为酒精的过程中，可可豆的温度会不断升高至40℃以上，这个温度足以杀死啤酒酵母。在酵母菌剖腹自杀后，其他菌类也相继发出嘶哑的喘气声，尤其是可以把酒精转变成醋酸的醋酸杆菌。但到这一步，可可的味道还算不上诱人：那些贪吃者还需要付出更多的耐心。由酒精转化而来的醋酸能够击破可可豆的细胞壁，为细菌酶打通道路，从而使可可豆中的蛋白质转变成具有可可芳香的蛋白酶。

　　在"负责"苦涩的多元酚被摧毁后，可可豆中的丹宁就会聚集到一起。一周后，将可可豆置于太阳下或放入烘干箱烘干后，可可豆中的水分就会从60%降到8%。这种状态下的可可豆就可以被烘焙了，这是可可豆释放芳香过程中最关键的一步：烘焙。最后将烘焙后的可可豆进行研磨，这些可可豆就会成为一种油脂状的可可浆，它是可可豆转变成其他所有物质的前提。

"鸡尾酒"

卡普奇诺巧克力咖啡
(Cappuccino de chocolat)

1 人份配料
150 克小块黑巧克力　4 咖啡勺糖
1 袋香草精　1 撮盐　10 厘升液态鲜奶油

制作方法
将 150 克小块黑巧克力、一点水和一小撮盐
置于平底锅中融化。接下来往锅中加入 4 咖啡勺糖
并搅拌至锅中的混合物变得丝滑，再向锅内加入 4 杯水
并加热几分钟。然后将 10 厘升液态鲜奶油和 1 袋香草
精置于搅拌器中，搅拌至成为甜味淡奶油。
最后把巧克力混合物倒入杯中，然后用奶油
将杯子填满，撒上可可粉
作为装饰即可。

柜台中的小黑豆

咖啡树（*LE CAFÉIER*）

咖啡曾是世界上仅次于水的第二大饮料，也曾是世界上除石油之外的第二大贸易商品。尽管它的这段黄金岁月只持续了短短几个世纪，但咖啡却为近代人类饮食品质带来了"神圣的"提高。或许由于制作工艺的复杂性，直至 15 世纪，咖啡才终于在人类历史上获得了真正的一席之地。

传说有一天，一个阿比西尼亚（Abyssin）牧羊人，发现了他的羊在吃完咖啡树叶后显得比平时更加活跃。咖啡能够消除疲劳和提神的功效就这样被发现了。这种特性后来被传到了当地修道院的一位阿拉伯高僧那里，为了让那些喜欢打瞌睡的僧侣们在夜间值班时保持清醒，高僧用这种植物制作了一种泡剂。在当时，不只这一位僧人用咖啡制作提神泡剂；出于同样的目的，其他僧侣也效仿了他的做法。不久，这种饮料逐渐从红海（la mer Rouge）地区的麦底拉（Médine）传播到了麦加（Mecque）以及所有伊斯兰国家。于是有人产生了创办一个喝咖啡的公众消费场所的想法：在这个公共场所，悠闲的人可以慢慢地品尝这种醇香的饮料，政客们可以悄悄地讨论，诗人们可以无忧无虑地吟唱诗词，僧侣们可以自由自在地说教布道。随着时间的流逝，穆斯林后来相继将咖啡传到了波斯、埃及、北非和土耳其等国家，而世界上的第一家咖啡馆正是于 1475 年在土耳其的君士坦丁堡创立的。自第一家咖啡馆开业后，咖啡店便迅速在世界上的许多国家建立起来，到 1630 年，开罗（Caire）的咖啡馆数量已经有数千家了。

大约在 1600 年，咖啡被威尼斯商人引进到欧洲，于 1644 年到达马赛。与此同时，教会也引进了咖啡，并且出奇地迷恋上了这种饮料，以至于一些人一度认为咖啡这种饮料中存在魔力。

1650 年，在咖啡馆驻扎到伦敦和牛津后不久，巴黎也出现了咖啡馆。而那时的伦敦咖啡馆已成为进步思想家们交流、思考、批评时事的地方，因此在 1676 年，英王查理二世（Charles II）下令查封了英国所有的咖啡馆。这真是出乎意料的打击，人们的反应如此激烈，以至于他们不得不开始偷偷地走私咖啡。后来，这项禁令终于因为民众的强烈不满而被废止。据统计，到 1700 年时，英国已经拥有了大约 2000 家咖啡馆。

"鸡尾酒"

爱尔兰咖啡
（Irish coffee）

1 人份配料
1.5 厘升甘蔗糖浆　2 厘升液体奶油
4 厘升咖啡　3 厘升威士忌

制作方法
首先，将威士忌和糖置于平底锅中边搅拌边加热直
至糖完全溶化（注意千万不要让威士忌沸腾）。
然后把黑咖啡倒入其中轻轻搅动。
之后再将所有混合物倒入一个事先用热水
洗干净的杯中。最后在制得的饮料
上浇一层奶油即可。

植物小百科

　　不论是生长在阿拉伯的咖啡树还是普通
的咖啡树，都是一种高 7—8 米的小树，这
种植物适宜生长在半阴处。咖啡树叶四季常
青，叶柄短小。花起初为白色，外形类似茉莉。
在果实成熟期，这些花逐渐变成浆果或如樱
桃般的小核果，每个核果含两颗种子。两颗
种子各以其平面的一边相对相连。

法式咖啡

为了能够在印度尼西亚的巴达维亚（Batavia）种上咖啡树，荷兰人带走了穆哈港（Moka）（也门西南部港口。——译注）的咖啡树。后来，人们将这些树种到了阿姆斯特丹（Amsterdam）的温室和皇室花园里，而法国的第一株咖啡树苗是由一个炮兵——贝颂先生（M.Bessons）带来的。这株树苗后来并未活下来，于是，阿姆斯特丹的市长在 1714 年时又供奉给路易十四一棵咖啡树：这棵树后来便成了法属安的列斯群岛（Antilles）上所有咖啡树的"老祖母"。

1716 年，许多由这棵咖啡树所繁衍出的后代被托付给了一位名叫伊桑伯格（Isemberg）的博士，然而在这些咖啡苗还在运输途中时，这个男人就去世了。1720 年，法国将军加布里埃尔·德·克利鲁（Gabriel de Clieu）从荷兰的皇室花园温室里偷走了唯一一棵由医生希拉克精心培育的咖啡树苗，并同样开启了把它带到法国的旅行。这是一段非常漫长的航程，非常漫长，甚至可以说是太漫长了，可是出发还没多久，原本配给树苗的那份水就不见了，其他人也拒绝把自己的水让给这棵树苗。于是在剩下的航程中，加布里埃尔将军只能用自己的那份配给水来浇灌它。在他们到达法属马提尼克岛（Martinique）时，这棵咖啡树苗已经没有了任何活力。尽管如此，它还是吸引了一些心怀不轨想要偷走它的人。因此，在这棵咖啡树苗休养生息期间，人们用一些小栅栏将其围了起来，并让一些带武器的人日夜守护着它。或许是为了报答救命之恩，这棵咖啡树苗最终长大并结出了一公斤的种子，那些种子后来被德·克利鲁先生分发给了岛上那些愿意进行种植试验的地主们以保障咖啡树的存活率。但是后来使咖啡树真正得以在马提尼克岛上大规模种植的原因，其实是岛上的可可树被摧毁。

咖啡树的种植逐渐得到了普及，然而当时它并没有成功登上法属留尼汪岛（île de la Réunion）和波旁岛（île Bourbon）。直至 1717 年，穆哈的咖啡树才终于在印度人的护送下到达了那两个地方。但是到了 1720 年，这两座岛上的咖啡树仅有一棵活了下来，幸运的是，就在那一年，由于那棵仅存的咖啡树获得了丰收，人们又成功地在那里播种了约 15000 颗咖啡豆。

"鸡尾酒"

法拉沛咖啡
（Café frappé）

2 人份配料
15 厘升咖啡　2 勺粉状砂糖　30 厘升奶

制作方法
首先准备一杯浓缩咖啡，
将其倒入一个有冰块的杯中，加入糖和奶。
然后把所得混合物倒入搅拌器中充分搅拌。
最后，把搅拌后的液体倒入
一个 25 厘升的杯中，再找一根吸管，
即可畅饮。
饮用时可以加几块巧克力。

一切和不论什么
咖啡代用品

几百年来，人们对咖啡代用品的态度始终在发生着变化。有时它们的名声甚至与它们的地位恰好相反。咖啡代用品的发展与咖啡的发展紧密相连。如果没有咖啡的到来，人们也许永远不会想到可烘焙的植物竟如此之多。可以说，咖啡代用品的历史是对咖啡的一个长期的效仿过程。自咖啡传播到欧洲起，小粒咖啡便一直是一些特权贵族的专享饮料，这种状况一直持续了数世纪。

曾有长达 3 个世纪的时间，人们喝到的咖啡代用品比咖啡本身还要多。就算是不计算由两次世界大战所造成的饥荒时期和咖啡歉收的那段时期，我们也可以说，在整个 20 世纪，人们对咖啡代用品的消费也超过了对咖啡本身。而对于菊苣这种名声在外、历史悠久的植物，如果我们只把它当成普通植物去看待，那么，我们恐怕要等到 19 世纪 60 年代才能找到一些更好的咖啡代用品。因为显然，菊苣是很长一个时期内最优质的咖啡代用品。这类代用品主要供人们在早餐时饮用，很多代用品都是以菊苣为原料的。近些年人们从菊苣身上发现了一些新的营养价值，并且这些价值很符合现代人的养生观。此外，咖啡代用品的兴起还有另一个历史地理的原因。咖啡树起源于埃塞俄比亚（Éthiopie），适宜生长在热带国家。在法国的气候下，这种植物难以生存。因此，为了发明一种"民族"咖啡，所有欧洲的本土植物都曾被一一列出。人们之所以这样做，不仅仅是出于爱国，更多的是考虑到经济的发展：咖啡的进口耗费了大量金钱，许多白花花的银子离开了法国国界。

这种事情在其他的国家也发生过，譬如德国。18 世纪末，由于德国当局认为咖啡的消费对穷人阶级的冲击太大，百姓的钱包都被这种外来的被诅咒的饮料掏空了，因此，他们甚至曾想要禁止咖啡的消费。据说在 1766 年，咖啡和茶闹得人们整天什么都不做，所有的短工、长工、女仆都丢下了手中的活，天天惦记着去买咖啡和茶。因此，一切与咖啡有关的买卖、收藏，甚至餐具都被禁止了，德国当局还招募了一些"暴戾的人"专门负责搜查咖啡。这就是为什么当时人们在被禁止喝咖啡的同时，又被鼓励使用一切可能的咖啡代用品的原因。据说在当时的奥地利，有人甚至用火绒草（edelweiss）制作咖啡代用品。然而，最好的代用品也比不上那种小黑豆的味道，这一点不需要大专家的鉴别。只需要根据烘焙的味道和颜色就可以辨别出来。而从表面上看，所有可用来烘焙，并呈现出最深颜色的物质都是潜在的咖啡代用品的候选者。

"鸡尾酒"

燕麦乳
(Lait d'avoine)

10 人份配料
5 勺燕麦片　1 升水

制作方法
首先用水冲洗燕麦片并将其浸泡一夜。
然后将浸泡过的燕麦片置于漏勺中再次清洗。
接下来把燕麦片和 1 升水倒入平底锅中煮沸。
注意加热过程中最好盯着，千万不要让它像牛奶一样溢出锅外。
水开后换成温火，再煮一个小时，
并时不时搅拌。关火之后搁置 15 分钟
然后用搅拌器将其充分搅拌，
再用细小孔的漏勺将其过滤。最后，
将液体倒入杯中即可饮用。

洋甘菊 *菊科*

泡剂中的标本

洋甘菊（*LA CAMOMILLE*）

　　一个精美的瓷杯正冒着热气，一只猫儿正蜷缩着膝盖在炉火旁呼呼大睡，墙上的大钟嘀嗒嘀嗒地走着：无须说明，那杯中一定是茶，这种茶与大节日无关，也不会出现在一场充满激情的聚会上。它就是茶界的标杆——洋甘菊茶。没有什么比洋甘菊茶带来的气息更能让人平静了。需要说明的是，很久以来，洋甘菊就与医学联系在一起。"camomille"（洋甘菊）一词包括好几种形态相似、种类各异的洋甘菊品种。其中最有名的两种是罗马洋甘菊和大洋甘菊。起初，这两个品种（和其他的品种）只是随意地分布在欧洲大地上，但是后来，它们逐渐成了被大面积种植的植物，谢米莱（Chemillé）的洋甘菊种植区就是代表之一。这个位于法国曼恩－卢瓦尔省（Maine-et-Loire）的小镇是在 14 世纪时被重新修建起来的。14 世纪中期，一场根瘤危机几乎毁灭了法国所有的葡萄园，一些人只好选择在那些被破坏的地方重新种上一种来自美国的抗虫性很强的葡萄苗（已经嫁接过的），而另一些人则缩减了葡萄的种植面积，或者干脆直接放弃了他们的葡萄园。为了保障小镇上葡萄种植户和周边农户的收入，一个农民想到了一个很好的主意：在那些被破坏区域种上从比利时引进的罗马洋甘菊。这种洋甘菊也就是后来人们常说的安茹（Anjou）洋甘菊。后来，洋甘菊在那里繁殖迅速，而且引来了其他很多药用植物在此处的种植，比如胡椒薄荷（la menthe poivrée）、矢车菊（bleuet）、药用金盏花（souci）。那里的人们最初只是把洋甘菊当作草药使用，后来才逐渐将其应用到了成药中。自从种上洋甘菊后不久，谢米莱小镇便享有了"洋甘菊之都"的美誉。自 1985 年起，那里已成了法国集药用植物、芳香植物及工业植物为一体的技术研究院。当地所有人都知道这件事，并为此而自豪！

文学小贴士

　　男女之情往往开始于香槟，结束于洋甘菊茶。

——瓦莱里－拉尔博（Valery Larbaud, 1881—1957）

"鸡尾酒"

洋甘菊糖浆
(Sirop de camomille)

10 人份配料
500 克洋甘菊花　2 升水　1.5 千克糖

制作方法
首先将洋甘菊花在水中浸泡一晚。
然后用一块干净的纱布过滤浸泡的花
并挤出汁，在其中加入糖，
再用小火将其熬成浓浆。
最后将制得的糖浆装入瓶中
放置在阴凉处保存。

植物小百科

　　洋甘菊，生长于草地上的小植物，分布在欧洲的田野和沙滩，尤其适合生长在沙质的和硅质的土壤上。植株高 10—30 厘米，叶呈锯齿状，银白色，略感毛茸。花期为 6 月—9 月，白色花瓣，头状花序。果实：瘦果，3 条细长果棱，长圆形或倒卵形。

甘蔗 *禾本科*

含蜜的芦苇

甘蔗（*LA CANNE À SUCRE*）

和其他许多秆茎类植物一样，甘蔗起源于新几内亚（Nouvelle-Guinée）。从古人常说的"芦苇蜜"（miel de roseau）以及后来戴奥科里斯对一种从印度和"幸福阿拉伯"（即现在的也门共和国）的芦苇中所提取出来的"如盐一样凝结的蜜汁"的记载中我们可以看出，甘蔗从很早开始就被人们认识了。长期以来，除了已经掌握甘蔗萃取和漂白技术的古印度人和古中国人，其他国家的人们通常都用咀嚼的方式来吸取甘蔗汁。

在阿拉伯人的介绍下，甘蔗进入了欧美国家。公元 1 世纪，人们开始对甘蔗汁进行商业化生产，5 世纪时，甘蔗的种植在现在的伊朗一带发展尤为迅速。自 7 世纪至 10 世纪，甘蔗汁提取技术取得了进展，与此同时，随着穆斯林征服者的进军，甘蔗也逐渐传播到了世界上的其他国家。在扎根到叙利亚和埃及这两个国家后，它又繁殖到了克里特岛（Crète）和塞浦路斯（Chypre），然后征服了北非，并最终到达西班牙和西西里。后两个地方生产出的蔗糖后来一直享有美誉。

14 世纪末，埃及和叙利亚的蔗糖产量受到了地中海经济风波和政治动乱的威胁。然而这件事却促进了甘蔗在西西里、西班牙、格林纳达（Grenade）、巴伦西亚（Valence）和安达卢西亚（Andalousie）这些地区的发展。1420 年，甘蔗扎根到了马德拉岛（île de Madère），并很快向整个亚速尔岛（Açores）和偏南的地方蔓延，并从加那利群岛（îles Canaries）穿过大西洋到达了圣多明各（Saint-Domingue）：甘蔗的历史与美洲的发展紧密相连，当然同时也离不开奴隶贸易的发展。

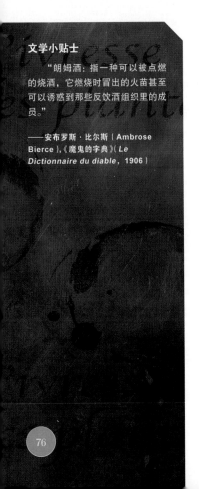

文学小贴士

"朗姆酒：指一种可以被点燃的烧酒，它燃烧时冒出的火苗甚至可以诱惑到那些反饮酒组织里的成员。"

——安布罗斯·比尔斯（Ambrose Bierce），《魔鬼的字典》（*Le Dictionnaire du diable*，1906）

"鸡尾酒"

特色朗姆酒
（Rhum arrangé）

20 人份配料
7 厘升甘蔗糖浆　4 个香草荚
7 厘升绿柠檬汁　1 升白朗姆酒

制作方法
首先将所有香草荚掰成长度相同的两截。
然后把所有原料都装入
一个 1.5 升的酒瓶内。
接着将其放入冰箱约 20 天。
取出后将其过滤即可饮用。

植物小百科

　　甘蔗，生命力顽强，根茎呈束状并逐渐生长为完全的草本茎秆，高 2.5—6 米，直径 2—6 厘米，在成熟期，茎秆逐渐变得坚硬且成为木质。互生叶，呈带状，宽 2—10 厘米，长 1 米。花开于顶端，高 50 厘米—1 米，圆锥花序。

从葡萄酒到胡椒

黑加仑（*LE CASSISSIER*）

黑加仑属醋栗科。从古至今，这种植物一直保持着一种矮小的水果树形象，并没有发生什么让人捉摸不透的变化。当我们了解到那些又小又黑的浆果和这种小树苗的所有部分都曾被应用于医学时，就会感觉到"果树"这个词对它来说似乎有点名不副实。就食用角度而言，黑加仑是一种较小的野生水果。自中世纪起，人们就用这种小野果制作出了各种黑加仑酒，比如 "*Le poyurier d'Hespagne*"（西班牙胡椒酒）——一种由黑加仑和烈酒制成的果子酒。这种酒并不是一种普通的美味饮料，而是一种有名的强效滋补品，不适宜体质虚弱者饮用。此外，一些与黑加仑有关的家庭饮料很早就诞生了，但是大约到了 19 世纪时，黑加仑酒才算是真正进入了饮料界。

黑加仑酒的一部分名声要归功于味美思酒（vermouth）的出现。味美思酒是一种由苦味植物、香料和白葡萄酒混合制成的饮料。"vermouth"一词最早出自德语 "*vermuth*"（苦艾），指一种经常被用来制作这种酒的瑞士大苦艾。1786 年，安东尼奥·卡帕诺（Antonio Carpano）在都灵（Turin）的酒吧向顾客推荐了一种自制的味美思酒。这种酒赢得了消费者的喜爱，于是一些精明的商人便把这种药酒包装成一种奢侈饮品销往世界各地。法国人尤其喜欢将各个品牌的味美思酒与黑加仑酒调和在一起制作开胃鸡尾酒，而随着味美思酒销量的增加，人们对黑加仑酒的消费也越来越多。

黑加仑酒的另一部分名声来得稍晚些，它主要归功于一个叫基尔（Kir）的人发明的基尔酒，这种酒是由约 33% 的第戎黑加仑酒（Dijon）和约 66% 的勃艮第爱丽高特白葡萄酒（Bourgogne aligoté）调和而成的。1952 年，基尔授权第戎人乐加 - 拉库特（Lejay-lagoute）用自己的名字来做这种酒的商标，这使得第戎和这种黑加仑酒很快便声名远播。

文学小贴士

黑茶藨子混合酒（mélécas）是一种由黑加仑和烧酒混合而成的酒。几乎每个喝过这种酒的人都曾这样评价它所含的烧酒的浓度，"如香烟一样，可损坏声带"。而且，当人们形容一个人的声音沙哑时就会说他有一个 "mêlecasse"（茶藨子甜酒嗓）。

——"你会一直喝黑茶藨子混合酒吗？"
——"当然了，这是一种时代酒。"

——弗朗索瓦斯·罗塞（Françoise Rosay）和让·迦本（Jean Gabin）的对话。吉尔·格朗吉耶（Gilles Grangier）的电影《糊涂虫不再沉默》（*Le cave se rebiffe*），编剧：米歇尔·奥迪亚（Michel Audiard），根据阿尔贝·西默南（Albert Simonin）的小说改编。

"当然了，我们停在了一家葡萄酒店，并尝遍了所有的黑茶藨子混合酒。"

——乔治·摩纳（Georges Moynet），《男孩之间》（*Entre garçons*）

"与其站着，不如坐下品尝一杯味美思 - 黑加仑酒（Vermouth-cassis）。"

——皮埃尔·达克（Pierre Dac）

"鸡尾酒"

极致黑加仑
（Cassis extra）

1人份配料
4 厘升黑加仑酒　3 厘升白可可酒
1 厘升石榴糖浆　8 厘升牛奶

制作方法
首先将所有原料倒入调酒壶中摇匀之后，
将得到的酒倒入鸡尾酒杯中，
最后放上几块冰块。

植物小百科

　　黑加仑，落叶直立小灌木，高 1—1.5 米，生
命力强，枝繁叶茂，叶子揉搓时可散发芳香。花期
4 月，黄绿色小花，花落后结黑色浆果，香味特别，
聚集成串状生长于上一年长出的枝条上。果期为 6
月—8 月。

把厄运拿来吧!

樱桃树 *(LE CERISIER)*

要详细介绍樱桃这种水果几乎是不可能的,因为它品种繁多,外形各异。这种春末夏初的水果一直以来就是我们果园中最受欢迎的水果之一。只有那些具有超乎常人意识和钢铁般精神的人才能抵抗住咀嚼这种多汁水果的乐趣,去选择享受一杯自制的美味樱桃汁。而像我一样意志力薄弱的人,则会向专业人士吐露自己想喝吉诺雷樱桃利口酒(guignolet)和樱桃白兰地(kirsch)这两种酒精饮料的心思。

吉诺雷樱桃利口酒是一种以黑色的酸樱桃为基础的安茹特色酒。从它的词源中,人们可以辨识出长柄黑樱桃(guigne)一词,这种樱桃是制作配方多样的吉诺雷樱桃利口酒的众多樱桃品种之一。最早的吉诺雷樱桃利口酒是由生活在索米尔(Saumur)安茹修道院的修女们在 1632 年酿造的。自这种酒被人们熟知后,有几家蒸馏厂都曾生产过;其中,创办于 1834 年的索米尔地区的让 - 巴蒂斯特(Jean-Baptiste)蒸馏厂被认为是吉诺雷樱桃利口酒进入现代工业化生产的发祥地。吉诺雷樱桃利口酒其实是一款浓度只有 16°—18° 的小酒,人们经常把它当作开胃酒饮用,有时也用它来调配鸡尾酒,比如在一款以香槟酒为基础的鸡尾酒中,我们也可以发现樱桃露。

人们常说,喝了 45° 的樱桃白兰地酒后,所有的烦心事似乎都会好转。这是一种由发酵的樱桃汁经过双倍蒸馏而制成的白色烈酒。它的名字来源于德语 "kirsche"(樱桃)。需要说明的是,这种酒不仅在莱茵河(outre-Rhin)彼岸很受欢迎,而且在瑞士也很受青睐,瑞士人常用它来为火锅提香。此外,在法瑞边境线周围的许多地区,人们也喝这种酒,如萨瓦省(Savoie)、洛林省(Lorraine)、阿尔萨斯(Alsace)和弗朗什 - 孔泰大区(Franche-Comté),而在其他许多国家,人们通常将它加热后饮用。2011 年,产自上索恩省(Haute-Saône)弗日罗勒地区(Fougerolles)的樱桃白兰地被赋予了 "原产地保护"(AOP)的标签。这是法国第一种获此殊荣的樱桃烧酒。

文学小贴士

"饭后,她习惯抽支烟,但她从不抽雪茄……一直抽的是香烟,因为这是苏丹(sultan)的礼物……此外她只喝一种利口酒:马拉希奴酒(marasquin,马拉酒以樱桃为配料,先将带核樱桃制成樱桃酒,再兑入蒸馏酒配制成利口酒——译注),到了下午 2 点半,她喜欢出去散散步,呼吸呼吸新鲜空气……然后接着埋头工作直到晚上 8 点。"

——加斯顿·勒鲁(Gaston Leroux),《鲁尔塔比伊:在沙皇家》(*Rouletabille chez le tsar*, 1913)

"鸡尾酒"

樱桃白兰地咖啡
(café au kirsch)

1 人份配料
2 小杯咖啡　3 厘升樱桃白兰地
1 勺糖　1 个鸡蛋清

制作方法
将所有原料和一些捣碎的冰块一起
倒入搅拌器中充分混合。
然后，用一个 25 厘升的杯
子饮用即可。

植物小百科

　　樱桃树，高 9—10 米，树干由一层光滑的树皮
包裹。叶子为落叶型，椭圆状，长为 12 厘米，叶缘
锯齿状，叶脉突出明显。简单花，白色，聚集成串。
果实为近似于圆形的浆果，颜色随品种而定，带甜味。
树龄约 50 年。

菊苣 菊科

一种养生珍宝

菊 苣（*LA CHICORÉE*）

菊苣，这种植物对我们来说并不陌生，很久以前，许多古代医生就对它和它的作用做过相关描述。关于这种植物的记载最早出现在《艾伯斯论草》中，而在欧洲医学史上，对其最古老的记载则出现于公元前 1500 年，而这条记载指出，这种植物早在公元前 4000 年就已经被人们认识了。克劳德·盖伦（Claude Galien）曾这样评价它：菊苣是肝的好朋友，后来，戴奥科里斯又补充道：菊苣既是肝的好朋友，也是消化道的好哥们儿。老普林尼（Pline l'Ancien）在他公元 1 世纪编写的医学普及读物中，也对这种植物做了一段很长的介绍。后来到了中世纪，由于它具有各种功效，比如开胃、解热、排毒、通便、健胃，菊苣一直被人们当作药用植物种植。

没有咖啡，就没有菊苣。菊苣的命运与咖啡的命运有着直接关系。最初，这种外来的菊苣饮料曾长期被人们当作奢侈品和咖啡的仿造品。后来，由于以菊苣为基础原料的咖啡代用品层出不穷，因此菊苣成为了咖啡最有名的代用品。当时人们更多选用的是一种根部肥大的菊苣来制作咖啡代用品，而且，随着时光流逝，这个品种已经得到了很大的改善，并最终成了唯一一个可以用来制作这种饮料的品种：普那菊苣（Cichorium intybus ssp. Sativum）。它的根在经过烘焙和研磨后与咖啡粉十分相似，而冲泡后的菊苣粉更容易让人误以为它是咖啡，其味道与早期挂耳式咖啡的味道十分贴近，现在我们依然能在美式快餐店里喝到这种咖啡。这种菊苣饮料的制作起源于 1600 年，人们可以在当时的一本《意大利编年史》中发现对它的记载——"一种以菊苣为基础的'布鲁士咖啡'"。17 世纪末，这种植物传播到了整个北欧地带、荷兰、比利时、普鲁士（Prusse）、英格兰和法国北部。

正如甜菜和甜菜蔗糖的发展一样，菊苣的发展同样受益于 1806 年的欧洲大陆封锁，当时拿破仑下令禁止所有携带英国货物的商人进入欧洲大陆。正是从那时起，菊苣再也没有离开过欧洲大地。

文学小贴士

"烈性咖啡"（fort de café）一词主要是指那些极其浓郁且很难驾驭的咖啡，当然不包括各种咖啡代用品和花式咖啡。

因此，我们平时所说的"浓摩卡和浓菊苣"并不属于"烈性咖啡"一类，它们只能算是最普通的咖啡饮品。

——"如果把其中一种与另一种相混呢？"

——"那么味道比浓菊苣更浓一点。"

——科尔蒙（Cormon）

"鸡尾酒"

菊苣葡萄酒
(vin de chicorée)

20 人份配料
1 瓶白葡萄酒　1 杯烧酒
1 个橘子　3 个丁香
200 克糖　2 厘升菊苣

制作方法
首先将橘子切成 4 份，把丁香塞进橘子里。
然后把所有配料混合，浸泡至少 48 小时。
最后将浸泡液过滤后装瓶。

植物小百科

　　菊苣，多年生植物，生命力强，高约 1 米，根
长可达 20 厘米，直径 2 厘米。底部叶子呈尖锯齿状，
顶侧叶子呈分裂状，有叶梢。花呈蓝色，头状花序。
整棵植物可以分泌出一种苦味白色乳汁。

Y ∪ ∟ ⊔ Υ Υ Υ ∀ Υ Υ ∟ ⊐ Υ ∪ Υ ∪

没有你们，更加健康，更加富有！

　　正如许多食用植物一样，人们最初食用菊苣只是为了治病。后来，随着菊苣饮料的不断改善，它才逐渐变成了一种美食。最早用菊苣代替咖啡的人可能是意大利人阿尔皮尼（Prospero Alpini，1553—1617），他不仅是一名植物家，也是一名医生。这位植物学家曾在名为《论埃及植物》(*Traité des plantes d'Égypte*)的论文中指出，咖啡煎熬后的味道与菊苣煎熬后的味道十分相似。人们可以在首次发表于 1671 年，并于 1685 年再次被医生西尔维斯特·杜弗尔（Sylvestre Dufour）发表的《对咖啡、茶、巧克力探索的新论文》(*Traités nouveauxet curieux du café，du thé et du chocolate*)这一论文中找到关于二者的详细对比。人们认为，烘焙菊苣根的这种想法最早是由荷兰人在 1690 年时想出来的；这种观点似乎是可信的。而它的整个制作工艺也确实是在这一时期发明创造的。这种工艺后来经过德国、比利时，最后从阿尔萨斯（Alsace）进入法国。

　　为了避免进口咖啡，法国皇帝弗雷德里克二世（Frédéric II）大肆鼓励菊苣的种植。而本土出产的菊苣也确实为法国节省了 100 多万埃居。1769 年，弗雷德里克二世将第一个菊苣的商业许可证授权给了福斯特（Forster）和冯·海涅（von Heine），正是这两个人创造了法国的第一个菊苣商业品牌。在该品牌的标签上，我们可以看到一个菊苣播种者用蔑视的眼光看着一艘装着异国咖啡的小船，旁边还有一句标语："没有你们，更加健康，更加富有！"这句标语正是这类狂妄自大的广告说辞的鼻祖。在法国，菊苣的生产大约开始于 1765 年。19 世纪时，生产菊苣的工厂数量迅速增长，菊苣的生产也得到了大力推动并逐渐弥补了咖啡的匮乏，尤其是在饥荒爆发期间（诸如世界大战期间）。尽管后来受到了摧毁和破坏，菊苣的种植仍取得了进展，在 1872 年到 1940 年期间（那时许多植物因不具有抗线虫能力而遭到了严重破坏），菊苣的种植面积比原来扩大了 14 倍。这件事也说明菊苣具有抗线虫性，能够在被线虫破坏、不适合甜菜生长的土壤里生长。

"鸡尾酒"

夏日清晨
（Matin d'été）

1 人份配料
1 个香蕉　10 厘升牛奶
1 咖啡勺菊苣　2 厘升白巧克力浆

制作方法
首先将白巧克力浆、牛奶倒入搅拌器搅拌均匀。
然后把得到的混合物倒入一个 25 厘升的杯中。
最后，在上面撒上一些可溶解的
菊苣粉和香蕉片作为点缀即可。

柠檬树 芸香科

不做鬼脸

柠檬树 (LE CITRONNIER)

柠檬汽水和柠檬水是两种以柠檬汁为基础的解渴饮料。在法国，今天，我们可以轻易地将此二者区分开：前者含有苏打的成分，后者则是由柠檬汁与普通的水混合而成。但是，更确切地说，柠檬汽水是一个汽水种类的统称，其载体是水，原料包括柠檬、柠檬酸、柠檬基础油或酒石酸、盐酸。有时，人们还会用醋栗汁或者樱桃汁代替其中的柠檬。这种饮料的发展要归功于卡特琳娜·德·梅第奇和她的厨师们，她的糕点师曾为我们的饭桌带来了无数美味和一些当时在法国仍不被熟知的饮食习惯。当然，法国的很多酒精饮料、柠檬汽水、橘子水、杏仁露、冰糕、茅膏菜（rossolis）、白杨糖苷（populos）、枸橼酸饮料（aigre de cèdre）……也是这么来的。

柠檬汽水可能是曾经最受大众欢迎的饮料；正因如此人们把柠檬汽水及另外 20 余种饮料的生产者和销售者都称为"汽水经营者"（limonadiers）。在这些饮料中，有专供孩子饮用的柠檬汽水，也有为大人设计的酒精饮料。过去，朋友间聚餐最精彩的部分就是从结满霜的冰箱中拿出一瓶柠檬酒。这种助消化的饮料起源于意大利的那不勒斯地区（Naples）和阿玛尔费戴恩区（la Côte amalfitaine）。为了守卫他们的柠檬种植区，那里的生产者声称只有用他们那个地区的柠檬做成的饮料才有权叫柠檬酒，然而，在很久以前，这个配方就在整个意大利的南部以及卡拉布里亚（Calabre）、西西里、撒丁岛（Sardaigne）、利古里亚（Ligurie）、科西嘉（Corse）、蓝色海岸（la Côte d'Azur）这些地区传遍了。事实上，它的制作方法特别简单，只需将柠檬片、酒、糖和水这些物质混合在一起浸泡两个月就可以了。喝前最好放一些冰块，不然太甜腻。

"鸡尾酒"

柠檬水
(Citronnade)

6 人份配料
1.5 升水　3 个黄柠檬（熟透的）
50 克糖　1 个橘子

制作方法
首先将水放到压力锅或者平底锅中加热。
接下来削去柠檬头尾两端，把其余部分切成圆薄片。然后将
糖和柠檬片倒入沙拉盘里。充分搅拌之后，将预先备好的
热水倒入盘中。待柠檬片完全浸泡在这些热水中后，
再将榨得的橘子汁倒入上述的柠檬水中。一旦水冷却后，
立即将柠檬片取出榨汁并去掉果肉部分。接下来，
将柠檬汁和其余的柠檬水全部装入一个罐子中。
最后，把罐子放入冰箱中保存。
用 25 厘升杯子饮用。

植物小百科

　　柠檬树，小乔木，高 5—6 米，叶子
四季常青，略有光泽，椭圆形，披针状，
无翼瓣叶柄。简单花，白色偏紫。果实呈
椭圆状，长 10—15 厘米，果皮质厚。柠
檬树的所有部分都具有芳香。

既可以喝又可以吃

椰子树 （*LE COCOTIER*）

椰子树 *棕榈科*

　　拿一个成熟的李子，咬一口，我们就可以直接看到它的果肉。出于好奇，我们打碎了它的核，这时我们就会发现它里面有一个不能吃的苦果仁。人们不仅满足于这类水果的美味，也惊讶于它的奇特。正如李子和樱桃，椰子也是一种有核的水果。但是千万不要去咬它的果肉，那不能吃。它是一种肉质的富含纤维的物质，这种物质经常被人们用来编织草席、粗绳、垫料。由于椰子的果肉常在椰子售卖前就被清理掉了，因此，除了在一些热带国家的集市上可以看到这类物质之外，我们平时几乎见不到它们。当我们打开椰子的核，就可以看到这种水果的可食用部分，这时我们的手经常会感到黏黏的，其实这是核中所含的"椰奶"造成的——我们稍后再做详解。在椰核里，我们可以看到一种和李子的仁性质相同的物质，这是一种白色坚硬的物质，人们把这种物质叫作"椰肉"。一般，未成熟的椰子含有大量的"液体部分"；随着果实不断成熟，这种液体的体积会逐渐减少。

　　在椰核的顶端，我们可以观察到 3 圈藓盖，通常，只要打开这 3 圈藓盖就可以看到椰汁了。当我们用 3 个手指去抓这个果实时，感觉就像拎着一个保龄球，但由于椰子各个面的弧度不同，因此击倒目标的希望几乎没有，所以我们还是省点力气吧。当藓盖打开后，我们最好找一个吸管来喝椰汁。这是一种可解渴、具有营养、富含各种矿物质且并不很甜腻的纯天然饮料。椰汁的体积大约占这种水果总体积的 20%，并随着果实的不断成熟而减少，因此，也可以说，椰汁代表着椰子的新鲜程度。切勿把它和椰奶混为一谈，后者是一种经常出现在商场包装盒里的制剂。这种制剂主要通过将椰肉研磨并榨汁制作而成。它的组成成分与椰汁的组成成分不同，比起椰汁，椰奶含有更多的非液体物质，比如，椰奶中含有的脂类物质占其成分的 20%，而椰汁中的脂类物质仅占其成分的 0.3%。人们时常将椰奶应用到一些异国风情的餐饮中。

潘趣椰子酒
（Punch coco）

10 人份配料
3 厘升香草糖浆　1 撮肉豆蔻粉
1 撮肉桂　3 片绿柠檬　400 克加糖的奶
50 厘升白朗姆酒　2 个椰子

制作方法
首先去掉椰子壳，将白色果肉挖出。
然后将其弄成碎末并放置到一个平底锅中，
再在上面浇上朗姆酒，浸泡至少 3 个小时，最好是一整夜。
接下来用小漏勺将浸泡的液体过滤，
最后，将香草糖浆、肉豆蔻、肉桂、柠檬、
加糖的奶全部加入过滤后的液体中浸泡 1 小时，
再将其倒入 25 厘升的
杯子中就可以了。

植物小百科

椰子树，单茎（这就是为什么人们把它称为棕榈树的"躯干"），高 20—30 米，棕榈叶，长 4—6 米，羽状复叶，微弯曲。花长于叶腋处，雌花位于底部，雄花位于高处。果实为核果，硕大，木质，重约 2 千克。

草莓 蔷薇科

红色乐趣

草莓 (*LE FRANSIER*)

制作一种不含草莓的草莓味饮料是有可能的。但是我所说的并非指那种添加了人工合成的草莓香料的工业饮料，而是一种完全由天然成分合成的美味饮料。草莓葡萄（L'Uva fragola）是一种被种植在欧洲的古老葡萄苗，与其同系列比较出名的品种还有：伊莎贝拉（Isabella）、黑加仑（Raisin de cassis）、美国葡萄（Uva americana）。在法国，有关这种植物最古老的记载需追溯到 1820 年，但它的历史其实真正开始于意大利。自 1825 年起，草莓葡萄就出现在了意大利，尤其在意大利东北地区。哎呀！这种植物对可恶的根瘤蚜非常敏感。而我们之所以要在草莓的这一章节提到葡萄，是因为草莓葡萄的果肉所散发的芳香很容易让人误以为它就是草莓。法国人更喜欢黑加仑（黑加仑对根瘤蚜不敏感）。毕竟这种可恶的根瘤蚜已经给他们带来了严重的损失，相当一部分感染了根瘤蚜的葡萄苗都被除去了，至少它们不能在葡萄生长区停留。最初，在确保其产量与消费量基本相等的前提条件下，种植草莓葡萄得到了 1931 年的意大利法律的批准。到了 1996 年，法律开始禁止人们用这种葡萄来制作葡萄酒，理由是草莓葡萄中含有的甲醇具有较高的危害性。苦艾酒因含甲醇而致人发疯的事件再次被拿出来充当幌子。接下来，典型的意大利说辞又重演了一遍，法律又特许这种葡萄酒仅供个人使用而禁止商业使用。后来，法律又允许了这种葡萄的红色品种的商业使用，禁止了白色品种……这期间还有多少种政策的变化便没有人说得清了。反正，今天人们不仅可以售卖红色冒泡的弗拉戈里纳草莓葡萄酒（fragoline），还能够售卖黑色无泡的弗拉戈里纳草莓葡萄酒，并且这两个品种的买卖都是合法的。只有白色的品种被禁止了，言下之意是，我们可以在商店的后房里找到这种酒，它们通常被装在一些小的没有标签的瓶子里，只要你和售卖者有相似的密谋的表情就能买到（刷银行卡当然是不行的）。而我正是在这样的方式下才经常喝到这种酒的，而且在税务局工作人员的眼皮底下将它带走。这点小小的意大利式神秘感让我非常喜欢这个国家。

文学小贴士

"真正的规则就是采摘草莓的时候，一个都不吃。"

——道格·拉森（Doug Larson，1902—1981）

90

"鸡尾酒"

草莓冰沙
(Smooth fraise)

3 人份配料
250 克草莓　1 杯原味酸奶
2 咖啡勺蜂蜜　10 厘升牛奶

制作方法
将所有原料和几块冰块一起
倒入搅拌器中搅拌。
待所有的混合物混合均匀后即可饮用。
饮用时将其倒入
25 厘升的杯中。

植物小百科

　　草莓，株高 10—40 厘米，匍匐茎，通过长节蔓向周围繁殖。叶子由 3 片苞片组成，叶三出，小叶具短柄，有叶脉，呈锯齿状，深绿色。简单花，白色花瓣。成熟时，花托变成肉质的，支撑着果实或浆果（种子）。目前世界上有 600 余种草莓。

覆盆子 蔷薇科

伊达山上的黑莓

覆盆子（*LE FRAISIER*）

你可能永远想不到，覆盆子最初是白色的。为了不让克洛诺斯（Cronos，希腊神话中的第二代众神之王，其父曾预言他将被自己的孩子推翻，于是他的子女一出生，就被他吞进肚里，只有宙斯一子幸免。——译注）吃掉孩子，他的妻子瑞亚（Rhéa）躲到伊达山（Ida）的山洞中生活，并在当地化名为伊蒂昂·安彤（Ideon Antron）。宙斯正是在那个山洞出生的。后来，宙斯被托付给了克里特国王（roi de Crète）的女儿仙女伊达（nymphe Ida）。有一天，宙斯不知为何突然伤心起来，他撕心裂肺的喊叫惊动了周围所有人，于是伊达想去采摘一些覆盆子来安慰宙斯。在采摘的时候，她的乳头被覆盆子的刺刺伤了，于是这些果实就被伊达的血染成了红色。而且据说覆盆子的外形酷似奶头也是因为此事。好吧，虽然这种说法在农艺学或植物百科方面并不是百分之百可信的，但故事毕竟还算美丽。

这种富含维生素 C 的水果其实自古以来就是人类食物和药物的一部分。在法国农村，几乎所有人都知道覆盆子糖浆，人们通常将这种糖浆与 1 品脱水、1 品脱大麦水、1 品脱狗牙根草（chiendent）水混合在一起制作一种滋补饮料。而覆盆子葡萄酒的制作方法则比较简单，我们只需把覆盆子浸泡在葡萄酒中就可以了，若要治疗嗓子不适，可加蜂蜜饮用；今天人们可以在吃饭的时候喝到这种饮料。直到 19 世纪，通过对果肉的发酵，人们终于发明了一种可以代替覆盆子葡萄酒的覆盆子酒，这种酒并非产自法国，而是产自那些葡萄品质差或缺少葡萄的地区。这就是为什么这种酒曾在波兰非常盛行。俄罗斯人和瑞典人则用覆盆子制作出了一种蜜酒马利诺夫卡（Malinovka），它由覆盆子果肉、水以及蜂蜜的混合物发酵而成。覆盆子果冻是一种清凉可口且能够预防坏血病的食物，人们常常用它来制作果冻、糖果、冰激凌、果汁、利口酒、糖浆，今天，人们尤其喜欢把这种食物应用在冰沙的制作中，那味道简直无与伦比。

文学小贴士

他希望有个缓和剂可以使他那颗似热铁般滚烫的心冷静下来，于是他拿起纳里弗卡酒（nalifka）喝了起来，这是一种装在金黄色的磨砂瓶里的俄罗斯利口酒；但是这种甜蜜的覆盆子味的酒，与他自己一样，没有半点儿用处。

好吧！他也曾经拥有过健康的身体，只是时光已逝……

——乔里·卡尔·于斯曼（Joris-Karl Huysmans），《逆势而行》（*À rebours*，1884）

"鸡尾酒"

覆盆子莫吉托
(Mojito framboise)

1 人份配料
6 厘升古巴朗姆酒　1/2 个绿柠檬
2 厘升覆盆子糖浆　4 片薄荷叶
3 个覆盆子　汽水适量

制作方法
首先把绿柠檬切成两半，将其中一半榨汁备用，
然后，用研杵将薄荷叶捣碎，
并把捣碎后的薄荷叶与覆盆子、柠檬汁、
覆盆子糖浆全部放入一个 25 厘升的杯中。
接下来，往杯中加入冰块直到水位达到杯子的
一半处，然后再将朗姆酒倒入杯中。
最后，用汽水将杯子填满即可，
饮用前轻轻摇晃。

植物小百科

　　覆盆子，蔷薇科植物，高 1.5—2 米，
茎秆呈簇状生长，笔直圆柱形。在种植
的第一年，茎秆纵向发展；第二年结果，
果实成熟期过后茎秆干枯。叶子由 5—
7 片苞片组成，叶片下方有短茸毛。果
实为成串的深玫红色小浆果。

蒿 菊科

马铃薯饼、土拨鼠和蒿

蒿 (*LE GÉNÉPI*)

蒿，准确地说，应该写成"蒿类"，这种植物大多生长在海拔高度为2400—3500米的山区，且主要分布在法国的阿尔卑斯山脉一带。早在中世纪时，蒿类植物就被编纂进了民间的传统药典中。

一直以来，由于既能解热又能发汗，因此，蒿类植物一直被人们用来治疗风寒感冒和呼吸道感染。正如苦艾一样（蒿类植物的近亲），蒿也含有苦涩的成分，因此也具有促进消化的作用。这就是人们总是迫不及待地用它们来制作各种饮料的原因，尤其是由这些蒿类制成的一款利口酒，这种利口酒与马铃薯饼和土拨鼠一样都是来自山区的馈赠。

在阿尔卑斯山的植物丛中，各种各样的蒿类植物密密麻麻地匍匐着：碎花马苋蒿（Artemisia genipi syn.spicata）、伞形花序蒿（Artemisia umbelliformis）、苦艾蒿（A.glacialis）、疏花蒿（A.mutellina syn. laxa）……其中，用于制作这种利口酒的主要是前两种，因为它们更加芳香，味道更容易被接受，而其他品种一般都生长在更陡更危险的地方。

尽管蒿类植物属于保护植物，但这并不能阻挡村民们以传统的方式采摘它们，而且每一个家庭都有独特的酿酒配方。这种酒的制作需遵循一个"40口诀"：将40支采自7月份的艾蒿，和40块糖一起在40°的烧酒中浸泡40天。一小杯一小杯地喝，且不要超过40杯，因为，一方面过度饮酒非常危险（目前我还没有醉过！），另一方面，服用高剂量的蒿酒会使人体因侧柏酮超标而中毒，苦艾酒的坏名声就是由此得来的。

文学小贴士

"……和一些盛满了消化酒的杯子，克罗戴尔（Clotaire）和她目光对视，他们喝完了最后一口蒿酒并吃完了最后的黄香李，只有维尔图努斯（Vertumne）一个人坐在电视机前……"

——乔治·奥利维·沙拖雷诺（Georges-Olivier Châteaureynaud），《他人的身体》（*Le Corps de l'autre*, 2010）

"鸡尾酒"

冬日暖心特饮
（Winter drink）

1人份配料

2厘升艾蒿　　1厘升桃子酒

6厘升橘子汁　　1厘升黑加仑酒

制作方法

首先将两块冰块放入一个25厘升的杯中。

然后将所有的原料按照配方中的顺序

依次倒入杯中。

最后用一片橘子做点缀即可。

植物小百科

艾蒿，草本植物，生命力强，高5—20厘米，因匍匐茎上有须根，所以能够完全扎根。小叶，披针形，纺锤状，有叶柄，白色或银白色。花期为7月—8月，黄色小花，伞房花序。果实为瘦果。

刺柏 *柏科*

呛人的小灌木

刺柏（*LE GENÉVRIER*）

　　刺柏是一种呛人的小灌木——它的名字来源于克尔特语 "*juneprus*"（刺柏）——自古以来，刺柏就受到了人们的重用。起初，刺柏的各个部分都被人们应用在医学上，尤其是一种由大果刺柏（Juniperus oxycedrus）制成的刺柏油，它被人们应用于遗体清洁。后来，这种植物受到了更多人的喜爱。在中世纪时，刺柏迎来了自己最光辉的时刻：它被人们赋予了不计其数的功效，且被人们视为神力的化身。首先，将刺柏浆果浸泡在杜松子酒中，随着浆果的自我蒸馏，杜松子酒就会变得像蜂蜜一样浓稠，然后把这种浓稠的酒放入烧酒中稀释，就可以得到刺柏酒，人们通常用这种酒来治疗肾结石、恶性发烧、坏血病、腹痛和胃灼痛。而点燃的刺柏则可以对瘟疫和霍乱形成阻碍；更简单地说，刺柏酒就是一种利尿剂。一直以来，刺柏也被应用在食物保鲜方面，且由于含有丹宁，它还能够像野味和调料一样促进难消化的食物的吸收。比如人们经常可以在一些腌制的酸菜和一些熟食里发现刺柏种子。而刺柏之所以进入了饮料的制作中，正是因为它的医学功效和很好的助消化功能。

　　杜松子酒可能是世界上的第一种烧酒；我们很难理清这种酒的发展脉络，但它的确是在 14 世纪时进入人们的生活的。在那个时代，杜松子酒常常被卖给喜欢这种刺激口味的英国人。其实杜松子酒是一种含有刺柏浆果的简单的芳香型烧酒，它特别的香味正是来自法国北方人尤其喜欢的刺柏浆果。但是，人们最初所说的 "刺柏酒"（génever），其实是一种曾在尼德兰流行的饮料。17 世纪时伦敦的蒸馏厂开始生产杜松子酒，尤其是一种曾被装上所有英国船只的烈酒 "航海杜松子酒"（gin de marine），据说酒精度为 50° 的航海杜松子酒能够和炮用火药一起储藏。

文学小贴士

　　"在早餐前，我从不喝比杜松子酒更烈的酒。"

—— W.C. 菲尔兹（W.C. Fields, 1880—1946）

　　"两把椅子，几个数学工具，一个传声筒、一个皮箱、一张带轮的桌子；桌上还放着两个杯子和一瓶杜松子酒。酒瓶上，一个风姿绰约的女人正对着递给她玫瑰花的一个脸蛋胖乎乎的孩子微笑。我认为，在这幅画的深处，一定有一只安哥拉猫在虎视眈眈……"

—— 欧仁·苏（Eugène Sue），《阿塔尔·居勒》（Atar Gull, 1831）

"鸡尾酒"

宇宙大爆炸
(Big-Bang drink)

1人份配料

80 毫升樱桃酒　80 毫升阿夸维特酒（aquavit）
80 毫升伏特加　0.5 厘升绿薄荷利口酒　汽水适量

制作方法

首先将樱桃酒、阿夸维特和伏特加直接倒在一个
有冰块的杯中，再将汽水倒入杯中，并将
杯中的所有液体搅拌均匀。接下来再往
杯里倒入准备好的绿薄荷利口酒。
最后将所有混合物倒入一个
"马提尼鸡尾酒杯"中即可。

植物小百科

　　刺柏，灌木或小乔木，高 50 厘米—6 米，树干
由一层粗厚的树皮包裹，并具有许多黄色的呈三角
切面的细枝。叶子四季常青，慢慢变成具有白色线
条的青绿色荆棘。花非常小，几乎看不到，到成熟
期会慢慢地变成黑蓝色的浆果，浆果上覆有一层薄
薄的果霜。

黄色仙子酒

龙胆草 (*LA GENTIANE*)

有多少祖父对我们使过这种伎俩？——他们打着喝药的幌子，面不改色地骗我们喝完了一杯苏滋龙胆草酒（Suze）、金鸡纳酒（Quinquina）或者其他开胃酒。龙胆草进入酒的世界完全是由于误会。一些古人已经对这种植物有了深刻了解——戴奥科里斯、普林尼，还有盖伦——而在他们之前，中国人早在 5000 多年前就对这种植物做过研究了。后来一直到中世纪，龙胆草都非常受欢迎，并在那段时间被人们奉为灵丹妙药。但直到 19 世纪，也就是说，从所有开胃饮料的工业化生产开始，龙胆草才真正受到了人们的重视，即使在今天，它已经染上了一层怀旧的色彩，人们仍然能够辨识出这种植物。

的确，龙胆草对所有与消化有关的器官都是有益的，比如肝、胆、肠、胃，它是一种消化剂，一种净化剂，一种抗霍乱剂……而且在 20 世纪初，这种植物还被制成了很多药物，比如哀伤治愈剂（la tisane du curé de Deuil）、特尔伊日纳剂（Triogene）、斯巴尔克药酒（l'élixir Spark）、吉尔莱药酒（l'élixir Guillet），还有阿贝哈蒙汤剂（la tisane de l'abbé Hamon）。

人们还用龙胆草制作了各种煎剂、泡剂、糖浆，但最美味诱人的还是龙胆草酒和更受欢迎的龙胆草利口酒。早在 17 世纪初，僧侣们就已经将龙胆草酒与甜酒混在一起饮用了，而到了 19 世纪，这种酒的生产同时在瑞士和法国被禁止了，但是 20 世纪初，尤其是在苦艾酒被禁止期间，龙胆草酒的生产又得到了恢复。无意间，"绿色仙子"（苦艾酒也叫"绿色仙子酒"。——译注）给"黄色仙子"打开了商业道路。

"鸡尾酒"

龙胆鸡尾酒
(Gentiane)

10 人份配料
500 克龙胆草根　　50 克可可
10 克接骨木花　　10 升白葡萄酒
100 克葡萄干　　10 克桂皮　　1 升 90° 酒

制作方法
将所有香料置于 90° 酒中浸泡 1 个月,
其间, 时不时搅拌。然后将浸泡液倒出、
过滤, 并将过滤后的混合物
倒入白葡萄酒中混合均匀。
最后, 待其放置 8 天后,
即可装瓶。

植物小百科

龙胆草, 粗壮的有脉大叶植物, 生命力强, 叶子长为 25—40 厘米, 宽 15 厘米, 叶片对生生长, 叶柄以茎秆为基部, 叶子缠绕茎秆生长。当树龄达到 10 岁时便可开花, 花期为 6 月—8 月, 高度可达 2 米, 可存活 50 余年。其根部肥大, 可达 1.5 米, 重几千克。

美味的爆发

石榴树 千屈菜科

石榴树（*LE GRENADIER*）

可以说，石榴树在法国遭到了不公平的对待，至少在两方面是这样的。这是一种非常古老的树，目前，我们已经找到了一些关于它可追溯到新石器时代的遗迹。在法国，这种植物最早出现于路易十四统治时期，尽管并没有一直被忽视，但法国的石榴树却从未像西班牙或意大利的石榴树一样受到重视。起初，它被种植在法国南方，尤其在外省和西南地区。后来，它又被人们自发地引种到高加索南部、伊朗、阿富汗、巴基斯坦和里海周围，并在那里扎根。正是在这个广阔的区域里，石榴树完美地展现了它对各种盆地的适应能力。根据其特点，人们把石榴树分成了好几种。比如普林尼将其概括为五种：甜的、涩的、酸甜的、酸的和有葡萄酒味的。尽管人们经常强调石榴并不是严格意义上的食物，而是一种仅供消遣的水果，但是我们依然能够在 17 世纪所有的餐饮书中发现它的身影。如今，石榴已被广泛地应用在了中东地区和东部地区的餐饮中，从摩洛哥到黎巴嫩直至印度，我们都可以品尝到用石榴做成的菜。

很久以前，石榴就因具有药用价值而被人们使用。从一些医书中我们可以发现人们经常吃石榴以治疗各种疑难杂症，而石榴汁之所以能再次出现在人们的生活中，也是因为它的医学功效。石榴汁具有很好的抗氧化功能，还可以阻止脂肪进入动脉，预防高血压，避免糖尿病转化为动脉粥样硬化，以及延缓癌细胞的扩散。话说回来，石榴汁也很美味，不是吗？

文学小贴士

玫瑰香槟的发明者是探索黄金的炼金术士的对手：他把黄金变成了石榴汁。

——艾米丽·诺彤（Amélie Nothomb），《蓝胡子》（*Barbe bleue*, 2012）

外加一种滋补又避孕的药水。这种药水是按照处方配制的，由 12 粒马的胃结石、柠檬糖浆、石榴糖浆和其他成分组成，总共 5 升。

——莫里哀（Molière），《无病呻吟》（*Le Malade imaginaire*）（镜头 1，场景 1）

石榴共有 3 个品种，甜的、酸的、酸甜的……这种水果榨汁后可用来做葡萄酒。

——奥利维尔·德·塞尔（Oivier de Serres），《田野絮语》（*Théâtre d'agriculture et mesnage des champs*, 1600）

"鸡尾酒"

一米阳光
（Sunny）

1人份配料
适量柠檬汽水　2厘升石榴糖浆
1厘升柠檬汁　1个蛋清

制作方法
首先将所有原料和捣碎的冰块混合，
然后将混合物倒入一个威士忌酒杯中。
最后倒上柠檬汽水即可。

植物小百科

　　石榴，小乔木，高约6米，枝条多节易弯曲，覆有一层土灰色的软表皮。落叶型植物，叶子呈长方形或椭圆状，到了秋天，其颜色会变成一种鲜艳的黄色。花呈艳红色，果实肥大呈球状，内含数百个果肉质种子。

生长在寒冷地区的水果

醋栗 醋栗科

醋栗 （*LE GROSEILLIER*）

可以说，醋栗是冬天的儿子。这种植物一般生长在拉普兰（Laponie）、西伯利亚（Sibérie）、瑞典等温度偏低的地区或国家。法国的醋栗主要分布在阿尔卑斯山、阿登山（Ardennes）、汝拉山（Jura）和一些海拔较低的山区，因此，一些古代作者认为地中海的温带气候十分适宜醋栗的生长也是合理的。然而，他们或许忽视了那些更冷的地区。其实这种果树最早生长于北欧，但它的名字并非起源于北方，而是在阿拉伯人征伐西班牙时由阿拉伯人所取。人们在 1484 年魁北克圣让（Saint-Jean）的《美茵茨植物图集》（*Herbier de Mainz*）的浆果类目中发现了关于醋栗的最早的记载。自中世纪起，英格兰、日耳曼和一些北方国家的人就已经开始在自家的花园中采摘醋栗了。而当时在法国，它们仍然是一种只有在早春的时候才可以采摘到的小野果。

益格鲁 – 撒克逊人曾生产出一种独特的醋栗酒，这种酒实际上在 19 世纪时就已被列入了英国饮料的名单中。这种酒与人们自制的"醋栗葡萄酒"（gooseberry-wine）不同，反而有点像法国的核桃酒。

美国的醋栗树是随着英国的移民到来的，那里的人们将醋栗包装成了一种如葡萄酒中的"葡萄"一样昂贵的水果。而且，他们还用醋栗和蔗糖制成了一种利口酒，并把这种酒叫作"醋栗酒"。

英国的醋栗酒后来被引进到了法国，尽管这种英式酒在法国的消费量远远不如英国，但维蒙特·德·博曼（Valmont de Bomare）最终还是在 18 世纪末列出了它的详细配方。20 世纪时，醋栗汁作为原料被应用到了石榴糖浆的制作中，并逐渐取代了石榴糖浆中的石榴汁，这种做法一直延续到了今天。近些年，醋栗汁因具有很好的抗氧化功能而受到了越来越多爱美人士的追捧。

文学小贴士

我真想把你推进一个果酱瓶子
你就像那
又红又成熟的醋栗
啊，我的伊丽莎白
我的舌头无法抵抗你的诱惑
每天早上
我将吃完我的那份
接下来就轮到你了
我的爱
你的那份就在我的双腿之间

——鲍里斯·维昂（Boris Vian），《冰冻的抒情歌曲集》（*Cantilènes en gelées*, 1949）

"鸡尾酒"

鲜果鸡尾酒
(Fresh fruit)

1 人份配料
1/5 黑加仑糖浆　1/5 醋栗糖浆　3/5 醋栗汁

制作方法
首先将黑加仑糖浆倒入杯中。
然后再往杯中倒入醋栗汁和醋栗糖浆。
最后将所有混合物搅拌均匀后,
加入一块冰块即可饮用。

植物小百科

　　醋栗,小灌木,高 1.5 米,枝条自然成拱形。落叶植物,叶子翠绿色,叶脉精细,叶缘呈锯齿状。花,由 10—20 朵小花排列成圆锥花序,果实为圆状浆果,直径 8—10 毫米,呈半透明的红色。

能够产生气泡

| 啤酒花 大麻科 |

啤酒花（*LE HOUBLON*）

说起啤酒花，人们一定会想到啤酒，二者紧密相连。可以说，啤酒花弥补了大麦的不足，不过，因曾长期受到人们的忽视，这种植物很晚才被应用到啤酒的制作中。虽然，啤酒花更喜欢生长在营养丰富的土壤里，但其实它是一种非常易于栽培的植物，能够适应各种不同的气候和不同的土壤，尤其适应潮湿的环境，比如洛林地区（Lorraine）那些丰硕美丽的啤酒花就是最好的证明。起初啤酒花被人们当作药用植物、饮食植物和纺织植物使用，但是有关这些方面的记载却鲜为人知。古人似乎对这种植物了解甚少，即便是啤酒酿造的初期，人们也没有意识到啤酒花的作用（起初人们只用大麦酿啤酒）。

人们最早是从老普林尼的关于一种名叫"忽布"（Hubulus）（啤酒花最早的名字）的沙拉草的记载中发现啤酒花的可食用性的。后来过了很长时间，啤酒花才被应用到了啤酒的制作中。在欧洲，啤酒花的第一次种植和使用似乎发生在日耳曼地区，一些公元 822 年的旧文献中所提到的啤酒花花园"忽哈奥拉瑞亚"（Huraolariae）可以为此作证。后来，啤酒花的种植从德国向其邻国传播开来，直至 14 世纪初，这种植物先后出现了荷兰和法国。而在啤酒消费大国英格兰，啤酒花的种植是从 1524 年才开始发展起来的，虽然时间稍晚，但它在这片国土上却迅速被推广。在法国，如果我们不计算北方那些被古老植物统治的偏远地区，那么可以说，啤酒花被人们广泛种植的时间是 19 世纪，而法国洛林大区的孚日山脉（Vosges），它们的啤酒花则出现在 18 世纪末。从那时起，属于啤酒酿造者的伟大时代便开始了。在这一时期，除了弗兰德（Flandre）地区以外，法国其他地方的啤酒消费都取得了突飞猛进的增长，与此同时，啤酒花的种植也被广泛地传播开了。1790 年，在法国南锡只有一家啤酒酿造厂，而在 19 世纪，啤酒厂在法国到处可见。

人们普遍认为世界上第一杯啤酒的产生大约可追溯到公元前 6000 年前的美索不达米亚地区，当时的文献上使用的还是古埃及的象形文字。

文学小贴士

啤酒，是上帝爱我们并想让我们看见幸福的一个无可辩驳的见证。

——本杰明·富兰克林（Benjamin Franklin，1706—1790）

不是所有的化学产品都是有害的。比如只含氢或氧的化学产品——水——也许没有任何一种办法可以生产出水，而对啤酒来说，水是必不可少的成分。

——大卫·巴里（Dave Barry，生于1947 年）

啤酒是可以喝的面包。

——乔治·克里斯多夫·利希腾贝格（Georg Christoph Lichtenberg，1742—1799），《灵魂的镜子》（*Le Miroir de l`âme*）

"鸡尾酒"

摩洛哥至尊
（Manaco）

1 人份配料
15 厘升啤酒　1 厘升石榴糖浆　5 厘升柠檬水

制作方法
首先在一个香槟酒杯中放入冰块，
然后将石榴糖浆和柠檬水倒入其中，
最后再往里加入啤酒即可。
注意：最好尽快饮用。

植物小百科

啤酒花，多年生草本植物，生命力强，茎秆截面呈四棱状，长于粗壮的根部，高度可达 10 米。雄花排列为大的圆锥花序。雌花排列为近球形的穗状花序，可产树脂且具有芳香，果实：瘦果。

啤酒："大麦的葡萄酒"

一万年以前，人们经常把大麦面包泡在水里以制作啤酒。苏美尔人利用此方法制作出了十多种大麦啤酒，而巴比伦人则制作出了30多种。这些大麦酒啤既是供奉给诸神的祭品，也是人们的液态食物。当时中国可能也酿造出了一些类似的饮料，比如一种叫"t'ien tsiou"的麦酒，是由大麦发酵而制成的。人们经常这样说，希腊人和罗马人更喜欢喝葡萄酒而不喜欢喝大麦酒，因为他们认为葡萄酒代表着良好的教养，因此，他们常把大麦酒留给那些粗野的人。这一观点确实有点极端，更何况我们的祖先还是非常喜欢这种带小气泡的饮的……好吧，那个时代没有气泡酒，只有冒泡酒：在高卢—罗曼人生活过的村庄里，人们发现了一些可论证此说法的公元3—4世纪的遗迹。到了中世纪，正如葡萄酒一样，啤酒的制作方法也受到了宗教制度的影响。罗马帝国衰落后，教会占领了土地，他们并没有抛弃啤酒：在当时的小旅馆、城堡，或者民居里，人们也制作啤酒。14、15世纪时，啤酒已普及到家家户户；当时，人们已经明白了这是一种健康的饮料，但对于啤酒是如何毁灭水中的病原菌这件事，他们还不明就里。16世纪成了啤酒酿造商的黄金时代，他们的行会当时非常强盛。由于遭到了法国大革命的禁止，啤酒酿造业逐渐进入了衰落期。到了19世纪末，多亏了拿破仑的政策和巴斯德在酵母研究上的新发现，啤酒酿造终于进入了工业化时代。

"鸡尾酒"

暖心啤酒
（Bière chaud）

4人份配料
1片生姜　1/2个香草荚　3个丁香
1小撮肉桂　1升啤酒　100克糖
1/2个柠檬　1/2个橙子　1个绿柠檬

制作方法
首先将橙子洗干净并切成薄片，接下来把绿柠檬榨汁备用。
然后将糖、水、肉桂和橙子薄片放入平底锅中煮沸1分钟后关火，
将绿柠檬汁倒入锅中（这就是我们接下来要用到的糖浆），
将糖浆静置10分钟后过滤。为防止啤酒起泡，
用900瓦的微波炉将啤酒加热一分钟。
最后，将60克制作好的糖浆倒入啤酒中，
然后把二者的混合物全部倒在
一个大啤酒杯中即可。

不是毒品，一样让人上瘾

可乐树（*LE KOLATIER*）

可乐树属于热带树种。在欧洲、古希腊、古罗马、阿拉伯这些地方，人们对可乐树的认识比较晚，有关可乐树最早的完整记载出现于 1804 年。而在赤道非洲（Afrique équatoriale），由于具有很好的滋补和提神功效，可乐果在很久以前就为人们所食用了。除了对肌肉具有刺激性以外，这种植物对神经系统和智力系统也有刺激作用。非洲土著人一直以来就食用这种植物以抵抗饥饿、饥渴和疲乏。

后来，可乐树的种子被非洲奴隶带到了各个地方（他们经常把可乐树的种子装在他们干瘪的行李中）。17 世纪时，可乐树被引进到了加勒比地区（Caraïbes）和南美洲。今天，这种植物的种植主要集中在安的列斯群岛、巴西和印度尼西亚一带。

16 世纪中期，可乐果被带到了欧洲，但是直到 19 世纪，欧洲人才把它们做成了药品并以片剂、粉剂、液态提取物、染剂，还有滋补酒的形式在药店售卖。在还没有被人们疯狂迷恋之前，可乐果也被应用到了巧克力、糖果、糖浆的制作中。在这一方面，它和可卡因有相同的经历。

在众多由可乐果制成的饮料中，最出名的就是马利亚尼酒（vin Mariani），这是无可争议的。安热 - 弗朗索瓦·马利亚尼（Ange-François Mariani）很小就成了孤儿，后来他从故乡科西嘉岛移居到了巴黎，并在克利什大街（rue de Clichy）上的尚特雷尔药房（la pharmacie Chantrel）做起了学徒。在药房工作期间，他曾对一些植物展现出了很大的兴趣，尤其是古柯（coca）这种植物。正是在那个药房，他调制出了马利亚尼酒，一种含有几毫克"可卡因"的合法饮料。后来，他因制作和售卖"阿特莱特酒"（vin de Athlètes）而取得了巨大的成功，这种酒后来被巴黎的医生们称为阿卡德米酒（vin des Académie）。随后，他又在埃及、阿根廷（Argentine）、印度支那（Indochine）和加拿大开设了售卖阿特拉特酒的分店。而在北美洲，可乐果与古柯的相遇碰撞出了当今世界上最有名的一种饮料，人们都不用费心思为它取名。

自由古巴
(cuba libre)

1 人份配料
6 厘升古巴朗姆酒　4 厘升绿柠檬汁
15 厘升可乐果汁

制作方法
首先将绿柠檬汁和古巴朗姆酒倒入
一个事先放入了冰块的 25 厘升杯中。
然后，再往杯中倒入可乐果汁，
并轻轻摇匀。最后，用一个绿柠檬片
做装饰即可。

植物小百科

可乐树，生长于潮湿的热带森林中，高 10—15
米。叶片大，四季常青，全叶，长方形。雌雄花分离，
聚集成串状，具有叶柄。果实表皮凹凸不平，由 2—
6 个直径为 10 厘米的蓇葖排列成星形，内含 5—10
个白色到玫瑰色的种子，即可乐果。

拿破仑"征服"中国

橘树 (*LE MANDARINIER*)

橘树起源于中国或越南。在长达 3000 年的时间里，这种植物只出现在亚洲一带。而欧洲人之所以将其命名为"madarin"，是因为它的颜色类似于中国封建王朝时期高级官员所穿的长袍的颜色。这种植物在 19 世纪时到达了欧洲和美洲，因此它可以说是一种在比较晚近的时候才出现在法国的植物。橘树的抗冻性差，最初它被人们种植在地中海一带。正如所有的柑橘类植物一样，橘树也很容易与其他植物发生杂交，而杂交后产生的新品种则又重新被一些园艺家种植。一方面由于其果肉酸甜可口，另一方面由于它富含丰富的维生素 C，橘子一直都非常受消费者的青睐。而从其果皮中提取出来的芳香油既可以用于香水的制作，也可以添加到药物中使其更容易让人接受，还可以当作香料用于糕点制作，以及利口酒和糖浆的配制。

在众多橘子利口酒中，最有名的可能就是"拿破仑橘子利口酒"（Mandarine Napoléon）了，这是一种起源于 19 世纪的比利时配方。相传一名叫安东尼 – 弗朗索瓦·富克鲁瓦（Antoine-François Fourcroy）的国会参议员发现拿破仑喜欢将橘子和瓯柑在烧酒中浸泡后再吃，于是，他便有了制作橘子利口酒的想法，但是他的配方后来失传了。直至 1892 年，路易斯·施密特（Louis Schmidt）根据他留下的笔记又重新找回了配方，并将这种利口酒取名为"拿破仑皇家橘子利口酒"（Mandarine Napoléon, grande liqueur impériale）。而在改名为"拿破仑橘子酒"之前，这种由橘子和 38° 烧酒制作而成的饮料就以"皇家橘子酒"（Mandarine impériale）的名字征服了法国。现在，人们仍可以在鸡尾酒和甜品中品尝到这种酒的美味。

文学小贴士

……他在找一种不一样的饮料，而不是那种普通的开胃酒。突然，他想起了初到巴黎时喝的一种很新颖的饮料。后来，那种饮料就变成了他那一两年里最喜欢的开胃酒。

——"那现在还有苦橙皮橘子酒吗？"

——"当然。只是人们不怎么喜欢了，年轻人都不知道那是什么，但是我们会永远在柜台里存一瓶……需要柠檬片吗？"

——乔治·西默农（Georges Simenon），《马格雷的反抗》（*Maigret se défend*, 1964）

"鸡尾酒"

橘子糖浆
(sirop de mandarine)

15 人份配料
3 个橘子　1 个柠檬
750 克糖　1 升橘子汁　20 厘升水

制作方法
首先将橘子切片、榨汁。
然后将糖和水混合加热熬成糖浆。
把橘子汁、柠檬、橘子薄片加入糖浆中煮沸，
待液体冒泡后将所得的混合物过滤。
待其冷却后装瓶即可。

植物小百科

　　橘树，高 4—5 米，外形近似球状。叶子四季常青，披针形，有叶柄，无翼瓣。花呈白色，5 片花瓣，香味清新淡雅。果实呈球状，橘色略偏红，直径 5—10 厘米，果皮易剥离，质松脆，果肉多汁。

再见了！薄荷汁

胡椒薄荷（*LA MENTHE POIVRÉE*）

在各种各样的薄荷中，胡椒薄荷是一种可以同时应用于医学、药品、香料和饮食方面的植物，而不仅仅限于饮料方面。尽管胡椒薄荷并不是唯一一种含薄荷基础油的植物，但是在香料方面，这种薄荷却拥有三个独一无二的特性。这些特性并非通过研究得出，而是通过人们的口口相传留存下来的。首先，胡椒薄荷可以引起皮肤敏感：当我们把它擦在皮肤上然后对着所擦的地方吹气时，就会有一种非常清凉的感觉，这一点人们也可以在用薄荷牙膏刷牙或喝一些薄荷饮料时体验到。第二个令人舒适的感觉则来自它无与伦比的味道。最后，第三个，是它在化妆品中所发挥的功效，这也是最让人感兴趣的一点：抑菌性，这也正是人们一直使用薄荷来清新空气的原因。以上特性与胡椒薄荷所含的基础油有着直接的关系。虽然薄荷油也存在于其他的薄荷种类和某些植物中，但是只有胡椒薄荷才含有这种成分——薄荷醇。

据猜测，胡椒薄荷可能是由"水薄荷"和"绿薄荷"这两个品种杂交得来的。这是一种通过扦插来繁殖的不育杂交品种，而且这种薄荷一旦扎根便会疯狂生长，因此，人们总会在长满薄荷的地方迷路。人们认为，这种植物是从埃及逐渐繁殖到地中海一带的。而根据它的近代发展史，人们猜测，英格兰的胡椒薄荷可能是通过威尼斯（vénitien）或维罗纳（véronais）的商人从意大利引进来的。而且 18 世纪时这种植物确实在英国人的花园里生长着，尤其在 1780 年时，索勒（Sole）还描述了它的三个品种：第一个是米查姆薄荷（Mitcham mint），这种薄荷属于地道的英国品种，且是通过英国征服者传播到世界各地的；第二个是法国人比较喜欢的白椒薄荷（White mint），它的花是白色的，因其香味独特而被大量种植在格拉斯（Grasse）；最后一个就是匈牙利语中所说的黑椒薄荷（Black mint），这种薄荷在人们的饮食中一直扮演着次要的角色。

文学小贴士

我做了一个黄蜂陷阱！在一个瓶子底部，只要我放上薄荷糖浆，黄蜂就会被吸引过来，它从瓶口飞进去，但不能飞出来，最后会窒息而死……或死于糖尿病。因为吃糖吃太多了。真傻，黄蜂……

——法比安·翁特尼昂特（Fabien Onteniente）的电影《野营》（*Camping*，2006）

"和小姑娘在一起，我一般都习惯点薄荷汽水或水果汁。但是，和您在一起，当然是喝香槟了！而且还要好年份的！"

——乔治·罗纳（Georges Lautner），《入土为安》（*Les Pissenlits par la racine*，1963）

"鸡尾酒"

薄荷茶
〔thé à la menthe〕

6 人份配料
1 咖啡勺的绿茶　1 把薄荷叶　6 块糖

制作方法
首先将所有配料放入茶壶中，
然后往茶壶中倒入开水，
待其浸泡 5 分钟，
之后尽快饮用即可。

植物小百科

　　胡椒薄荷，草本植物，生命力强，富有坚韧的根茎和长节蔓。叶子四季常绿，有叶脉，叶面上细短毛，手感粗糙。其花序互生，从白色到微蓝色，含薄荷油，因此具有一种清新怡人的香味。

芳香诱人的水果

李子树（*LE MIRABELLIER*）

饭后一杯李子酒，无需多言，这是法国人的一种传统习惯。在法国，这种由黄香李酿造的李子酒一直以来地位显赫，并享有"烧酒皇后"的美誉。

自中世纪起，洛林人就经常使用各种水果来制酒，这其中包括李子，但只有到了 19 世纪时，黄香李烧酒的生产才有了突飞猛进的发展。正如很多农产品一样，这种水果树也是得益于那场几乎劫掠了法国所有葡萄园的根瘤蚜危机而发展起来的。每年的 8 月是黄香李的成熟期，它的果皮从金黄色逐渐变成了红色，倘若要品尝到最美的李子，只需摇晃树枝让那些最成熟的李子掉落下来即可：人们正是通过这样的方式来收获品质优良的李子的。

所有没有被加工成果酱的黄香李都会被人们用来制酒，每酿造 10 升 45° 李子酒，大概需要 100 公斤的李子。而且不论年成好坏，法国每年平均会有 10 万瓶李子酒从蒸馏器中流出来，如果哪个酿酒人没有从中为自己留一瓶，那就真的奇怪了。以前人们常这样说：40 个黄香李生产者在洛林收获李子，在洛林制作李子酒，在洛林品尝李子酒，然后在第二年的 4 月和 5 月，又在洛林将李子酒装瓶包装。或许我们应该再补充一点，那就是我们只能在洛林喝到最棒的李子酒！人们把这些李子酒的酿造者都称为"洛林的烧酒酿造者"。自 1995 年起，洛林的李子酒就得到了"原产地保护"（AOP）的美誉，而为了防止这种酒的美味不会丢失，我们最好将李子酒置于阴暗避光处，否则黄香李酒就会失去香味。由于具有助消化的功能，李子酒深受人们喜爱，但为什么人们不能坦然地承认李子酒就纯粹是很好喝呢？

文学小贴士

布兰登公主（Princesse Brandon）将会高兴地从水果筐里拿起一个黄香李吃。

——**安德烈·布勒东（André Breton）**，《前奏集》（*Recueilpour un prélude*，1937）

"鸡尾酒"

路过洛林
(En passant par la lorraine)

1 人份配料
2 厘升黄香李利口酒　2 厘升黄香李烧酒
白葡萄酒

制作方法
首先将 2 厘升黄香李利口酒和
2 厘升烧酒倒入一个葡萄酒杯中，
然后再用新鲜的白葡萄酒
将杯子兑满即可。

植物小百科

　　黄香李，落叶树，高 5—10 米，叶子呈椭圆形
或长条状、锯圆齿状，无毛或背面有少许短毛。花
白色，简单型，花期为 3 月—4 月，花朵长于上一年
长出的树梢上。果实为核果，金黄色，果皮上覆有
一层薄薄的果霜。

科西嘉岛酒

爱神木 *桃金娘科*

香桃木（*LE MYRTE*）

当我们的脚踏入科西嘉岛的丛林中时，第一种刺激我们嗅觉的气味就是咖喱味。这种气味来自一种有浓烈芳香的"蜡菊属"（Helichrysum）植物。

先别太沉迷于其中，随之而来的是岩蔷薇所发出的气味。接下来，你就会看到一行行小灌木，而在这些小灌木中，若要辨别出香桃木，恐怕只有那些最有经验的鼻子才能做到。另一种可以让我们辨别出香桃木气味的方法，就是小口地品尝美味的香桃木利口酒。香桃木有很多种类，而最普通的就是……最常见的那种。

若想追溯这种香桃木利口酒的起源，恐怕是徒劳的。有人说，它脱胎于撒丁岛的一种特色酒。无论怎样，可以确定的是，香桃木利口酒在科西嘉岛和撒丁岛都非常受欢迎。在农场和普通人家中，人们经常把香桃木浆果浸泡在掺过酒精的水、葡萄酒或者烧酒中来制作一种香桃木酒，浸泡后，人们通常还会往制得的酒中加入蜂蜜或糖。香桃木利口酒的大规模生产似乎只发生在 19 世纪。我们很难详细地说出这种酒的制作方法，因为每个家庭都有自己的制作方法，且这些方法都是保密的。相传拉努西家族（Ranucci）和维斯帕瑞迪家族（Vesperetti）——吉索纳恰省（Ghisonaccia）的维斯帕瑞迪家族，这两个家族并不属于巴斯特里加斯雅家族（Bastelicaccia）——当他们知道自己家那个祖母的祖母的祖母的酿酒配方被自己的女儿们掌握了之后，简直要气死了……好吧，我离题了。让我们接着说香桃木利口酒吧。

香桃木酒主要分为两种。红色香桃木或栗色香桃木利口酒主要是由成熟的浆果制作而成，其颜色来源于果实中的花青素。有时人们还会在原料中添加一些香桃木叶子。这两种利口酒的味道非常不同，栗色的利口酒有一股清新的土壤味道和一种由香桃木浆果中所含的丹宁引起的涩味。而另外一种白色香桃木利口酒，则是由一些淡颜色的浆果或者香桃木叶子及嫩芽制作而成的。

"鸡尾酒"

香桃木利口酒
（ Liqueur de myrte ）

20 人份配料
100 克糖　40 克香桃木浆果　75 厘升伏特加

制作方法
首先将香桃木浆果与伏特加混合并浸泡一个月。
然后将混合液过滤，并在过滤后的液体中
加入用水溶解过的糖。接下来把这些混合液体
倒入平底锅中，并将火点燃烧 5 秒钟。
最后盖上锅熄灭火苗，
待其冷却后装瓶即可。

植物小百科

　　香桃木，粗壮灌木，高 2—5 米，分枝交错繁多。
叶子四季常青，泛油光，革质叶片，呈卵形至披针形，
顶端渐尖，基部楔形。花期为 4 月—7 月，花长于叶腋，
白色单生小花。果实为黑色浆果。

榛子 *桦木科*

可以产生液体

榛子树 （*LE NOISETIER*）

　　榛子树是欧洲最古老的小型果树之一，主要分布在平原和平均海拔高度为 1700 米的地区，一般生长在灌木和树篱边缘。在法国，这种果树随处可见，而在地中海一带却罕见。自从人类学会了采摘，榛子就成为人类食物的一部分。榛子液一般是指一种果味香浓的榛子油。正如榛子树的各个部分几乎都具有药物功效，榛子油也同样被应用于各种药物的制作中。不过相比较而言，人们最愿意享受的依然是经过烘焙的榛子带来的咀嚼乐趣，这种传统的榛子制作方法至今仍在一些法国乡村中延续着。

　　说到榛子，不得不说到意大利榛子，意大利是世界上第二大榛子生产国。早在 19 世纪时，意大利的榛子美食就已经数不胜数了。我们经常喝的以榛子为基础的起泡卡布奇诺咖啡也是在这个国家诞生的。如果您像我一样，时不时会来意大利享受一番，那么不妨品尝一下这款口味独特的、产自亚平宁半岛（Péninsule）的"榛实酒"（Frangelico）。这种榛实酒突破了意大利利口酒一贯的传统口味，而且包装也别具一格，整体看上去像是一个穿着深褐色道袍的修士的样子，而瓶颈上所系的白色短细绳就像是修士的头巾。这种酒的制作方法大概如下：首先将榛子酒进行蒸馏，接下来把可可、香草和各种各样的香料放到蒸馏后的酒中，然后，将这些混合物装入橡木桶中待其慢慢陈酿即可。这种酒的名字并不是确定的，相传这种 24° 酒的发源地正是画家弗拉·安杰利科（Fra Angelico）曾生活过的皮埃蒙特区，因此，人们将它取名为"榛实酒"。

文学小贴士

　　我不喜欢吃榛子，榛子会把牙齿弄碎，香蕉万岁，因为香蕉里面没有骨头。

——雷蒙德·文图拉（Ray Ventura），《香蕉》（*Les bananes*, 1936），填词：克丽斯·雅希士（Chris Yacich），作曲：保尔·米斯拉吉（Paul Misraki）

"鸡尾酒"

榛子甜酒
(Crème de noisette)

20 人份配料
1 升水果烧酒　200 克榛子
300 克糖　30 厘升水　1 个香草荚

制作方法
首先，将香草荚和榛子放入烧酒中浸泡 10 天，
然后用糖和水做成糖浆。
接下来将浸泡液过滤，
并将糖浆倒入其中。待其冷却后，
将其装入已消毒的瓶中即可。

植物小百科

榛树，高 3—4 米，树干繁多交错成簇状。叶子为落叶型，叶边呈锯齿状，中央具三角状突尖。雄花排列成柔荑花序，黄色，下垂状，长约 6 厘米，雌花排列成穗状花序，直立状。果实为干果，每个果实含一粒种子。

如夜晚般漆黑

核桃树（*LE NOYER*）

核桃酒几乎从人们开始食用核桃那天起就诞生了。最初，核桃只是一种用来治疗伤风感冒和助消化的药品。自中世纪起，人们常常把核桃和橘皮、刺柏浆果、蔗糖等其他配料混合在一起制作芳香酒。然而，正是这个事实掩盖了核桃在饮料制作方面的潜力。后来在 16 世纪时，人们又将香草荚加入了这种酒的配料中。核桃和核桃树最明显的特征就是表皮上的黑斑。人们认为它的拉丁文名字 *nox*（黑夜），可能取自其果皮的颜色，正如我们所看到的，其深棕色的果皮很容易就可以将接触到它的物质染成黑色。而由于黑色曾与巫术联系在一起，人们很早就对这种植物猜疑重重了。过去，人们常常用"核桃酒"一词来指称核桃利口酒、核桃甜酒，或者核桃葡萄酒。您知道人们如何评价这种酒吗？所有人都夸奖这种被放在我们祖母大壁橱（那些壁橱都是用核桃木做成的！）中的酒具有开胃、助消化的功能，且能够强身健体。有人说它是凯尔西省（Quercy）的特产，而东部的人则说它是多菲内（Dauphiné）地区的特产，两个地方的人并没有为此争吵不休，而是一起为这种代表着法国民众财富的饮料举杯欢庆。而且，人们还时常用核桃酒来代替制作勃艮第香瓜酒时所使用的波尔图甜葡萄酒。通常，制作核桃酒的核桃采自加拿大魁北克省圣让地区还未成熟的绿皮核桃。而那些没能及时摘取到绿皮核桃的酿酒者，则只能等到 7 月 22 日去圣玛德莱娜（Sainte-Madeleine）山区采摘了。此外这些酿酒者还要将产自圣玛德莱娜山区不同乡村的核桃酒一一区别开来，由于酒的味道不确定，这确实是一项复杂的工程。相反，人们可以很容易地辨认出在橡木桶里酿了 5 年的核桃酒，这种酿酒方法自 13 世纪起就开始流行了。但无论如何，这些酒都与我们祖母做的核桃酒相差甚远。

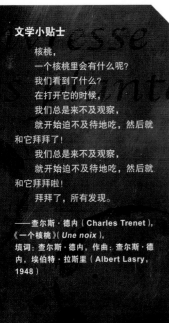

文学小贴士

核桃，
一个核桃里会有什么呢？
我们看到了什么？
在打开它的时候，
我们总是来不及观察，
就开始迫不及待地吃，然后就
和它拜拜了！
我们总是来不及观察，
就开始迫不及待地吃，然后就
和它拜拜啦！
拜拜了，所有发现。

——查尔斯·德内（Charles Trenet），
《一个核桃》（*Une noix*），
填词：查尔斯·德内，作曲：查尔斯·德
内，埃伯特·拉斯里（Albert Lasry，
1948）

"鸡尾酒"

核桃葡萄酒

（ Vin de noix ）

20 人份配料

1.5 公斤蔗糖　50 厘升 95° 烧酒
2 升葡萄酒　2 个橘子　80 颗绿皮核桃

制作方法

首先把每个绿皮核桃切成 4 瓣，并将橘子切片。
然后把所有配料倒入一个坛子（瓷质的）里。
接下来将坛子在阳光下放置一个月，并尽可能
每天搅拌几次。然后将液体倒出过滤，
将过滤后的液体在阳光下再晒一个月
就可装瓶饮用了。

植物小百科

　　核桃树，高 20—25 米，树冠宽阔，树
干笔直，树皮呈灰色。叶子为落叶，浅绿色，
叶脉分布整齐。雄柔荑花序长 5—10 厘米，
雄花有雄蕊 6—30 个，萼 3 裂。果实为核果，
核质坚硬，内含果仁。

酸甜之间

| 橙子 芸香科 |

橙树 (*L'ORANGE*)

味道在酸甜之间的水果？你们可能会想到葡萄或苹果。还有人可能会跟我说杏子或草莓。我猜，在所有回答中，最大胆的回答可能是蓝莓或石榴，而最出乎意料的可能是胡萝卜。（疯子们才会这么说！）当我们想要喝果汁的时候，最经常出现在我们杯中的果汁可能就是橙汁。可以说，橙汁是果汁中的一面旗帜。橙树或柠檬树——古时候，人们用柠檬树一词来统称这一系列植物——虽然最初属于观赏性植物，但从橙花中提取出来的汁却因具有药用价值而受到了人们的重视。14 世纪时，因为糖被引进到了欧洲，这种汁便开始在糖果业得到了迅速的发展。到 1566 年时，橙树已经被大面积地种植在外省了，这一点，人们可以从查尔斯九世（Charles IX）的参观回忆录中得到证实。他曾写道："在外省，橙树、棕榈、胡椒树到处都是，它们看起来就像是一片森林。"而从蓝色海岸和尼斯（Nice）目前的状况来看，这的确是真的。由于温度不够，橙树在法国的种植后来一直不属于主流。

被应用在饮料制作方面的橙树品种大多是酸橙或苦橙。看到这两种树时，我们可以轻而易举地将它们和观赏性橙树区分开：它们的果实略微凹凸不平，果皮很厚，果肉品尝起来没有任何的味觉趣味。但在长达数世纪的时间里，人们却一直把这两者与观赏性橙树混为一谈。因为酸橙树（Citrus aurantium）的抗寒性明显更强（可抵御零下 10℃的低温），所以它更多地种植在我们的花园中。而酸橙树的果实也可以被利用，比如人们用酸橙制作出了著名的英国橙子酱和一款有名的橙子酒。而在一些利口酒和酒精饮料的制作中，甜橙和酸橙则经常被混合使用。

文学小贴士

凯撒（César）："首先倒入三成的柑香酒，注意，比三成略少一点。好，现在再倒入三成柠檬水，比三成多一点。好，然后再倒入正好三成的皮肯酒（Picon），这时候看看这个混合液体的颜色，看它多么美丽啊！最后，再倒入三成的水。"

马里乌斯（Marius）："这样的话水就比杯子的容量更多啦。"

凯撒："确实是，我希望这次你能明白。"

马里乌斯："可是，一个杯子最多只能装一杯水啊。"

凯撒："但是，傻瓜，这正取决于'三成'到底有多少！"

——马瑟·巴纽（Marcel Pagnol），《马里乌斯》（*Marius*，1929）

"鸡尾酒"

橙子糖浆
(Sirop d'orange)

制作 1 瓶橙子糖浆所需配料
14 个橙子　1 升水　1 公斤糖

制作方法
首先将几个橙子洗干净，并切成细薄片。
然后把这些薄片放在一个外层套有砂锅的精致滤锅中。
接着把剩下的橙子切成两半，挤压榨汁。之后开始准备
糖浆：将糖和水加热大约 5 分钟后，糖浆会变浓稠并
不断沸腾，把滚沸的糖浆倒在柠檬片上，让其穿过
滤锅，慢慢往砂锅中滴，并把收集到的混合液
体倒入另一个锅中，用火加热约 5 分钟。
待液体冷却后装瓶即可。

植物小百科

　　橙树，高 3—4 米，树形自然生长为圆形，接近
于球形。叶子呈椭圆状，四季常青，颜色为一种非
常美丽而有光泽的暗绿色。简单白色花，具有一种
独特、似蜜的花香。果实为橘色，大小不一，据品
种而定。

新鲜的大麦杏仁露来了

大麦 (L'ORGE)

大麦可以用来干什么呢？按照其作用的重要性和适用范围来讲，首先，大麦的种子能够喂养动物；然后，发芽的麦种可以用于制作啤酒；最后，大麦还可以作为食物供人类食用。有了大麦，于是就有了威士忌。威士忌是一种高酒精度的粮食烧酒，它是由黑麦、燕麦、玉米和起主导作用的大麦的混合物发酵后所获得的麦芽汁经过蒸馏后制成的。人们通常所说的威士忌，指的是一种产自伊朗或美国的谷物烧酒。这种烧酒的制作历史与蒸馏技术的发展和历史有着直接的关系。由于大麦自古以来就被人们食用，因此许多国家的人们都懂得如何用大麦制酒。在欧洲，大麦酿酒的历史可以追溯到公元 6 世纪，当时曾出现过被制成软膏使用的药酒"生命之水"（usige beatha）。而在被广泛使用不久后，这款药酒就被加工成了一种饮料，但那时只有社会底层的人才饮用它，这种饮料就是威士忌的前身。这种饮料在当时的爱尔兰尤其流行，公元 8 世纪时，它随着英国入侵者的征途逐渐被传播到了其他国家。

大麦的种子在浸湿后就会发芽，这就是麦芽产生的过程。通常，这一阶段需要持续 1—2 周的时间，在此时间里，大麦种子会合成一种酶——麦芽糖酶，这种酶能够将大麦种子中所含的淀粉转变成可发酵的糖。将风干并被研磨成粉状的麦芽与热水（提前加入一些酵母）混合待其发酵。接下来，将发酵好的麦芽放入铜制蒸馏器中进行蒸馏，以使酒和水分离开来。经过三次蒸馏后，我们就可以酿出威士忌了，但这时它还是无色的。为了给它上色，我们需要将无色的威士忌倒入那些曾装过其他酒（波旁威士忌、雪莉酒、赫蕾斯白葡萄酒、朗姆酒、马德拉葡萄酒、波尔图、索泰尔纳……）的弗吉尼亚橡木桶中使其陈化，并使其逐渐呈现出一种很美的颜色。而由于在陈化过程中威士忌会将它的一部分酒精献给"天使们"（挥发掉），因此这种威士忌的酒精度最终将是 60°。

文学小贴士

若要治疗饮酒过多造成的头痛舌燥，您可以喝半瓶威士忌。

——艾伯特·艾德温（Albert Edwin），又名艾迪·康顿（Eddie Condon，1905—1973）

植物小百科

大麦，一年生禾本科植物，高 1.2—1.5 米，根系一般由 3—9 个初生根和不定根组成。秆呈直立状，带有 5—10 片简单叶。其叶交替生长，无毛鞘。花呈人字形型，果实为颖果（也就是种子）。

"鸡尾酒"

威士忌之星
(Whisky star)

1 人份配料
5 厘升威士忌　1 个柠檬　2 厘升甘蔗糖浆

制作方法
首先将柠檬榨汁。然后把柠檬汁、威士忌、
甘蔗糖浆一起倒入到摇酒器中，
再往里放入几块冰块并充分摇匀，
最后把所有液体全部倒入
一个 25 厘升的杯中即可。

气泡梨酒

梨树 (*LE POIRIER*)

当我们说起苹果酒，接下来自然而然便会联想到梨酒。它是一种由梨汁发酵制成的4°金黄色冒泡酒。由于用于制作梨酒的梨属于特殊品种，再加上这些品种并非采自一些粗放耕作的梨园，而是采自一些高大而产量稀疏的老树，因此梨酒的产量非常少。

另一个导致梨酒产量少的原因就是梨酒产区的稀少，其产区位于诺曼底（Normandie）一带，主要集中在奥恩省（Orne）、英吉利海峡南部（Manche）、马延省（Mayenne）和伊勒-维希纳省（L'Ille-et-Vilaine）北部。而最有名，也最常见的梨酒，还是产自栋夫龙（Domfront）的梨酒。自2002年起，栋夫龙梨酒就得到了"梨酒原产地保护"（AOP）的认证，在当地梨酒的原料中，白梨（Plante de blanc）至少占到了40%的比例。

正如奥利维·德·赛尔斯所说："人们只有在迫不得已的情况下才会选择喝水，这就是高品质葡萄酒的缺失能够促进果类、谷类或蜂蜜等原料制作的酒产生的原因……"在西方，当法国还处于高卢时期时，苹果酒和梨酒就已成了人们的日常饮料。而根据"梨酒是给仆人喝的饮料"这一记载，人们猜测，当时的梨酒品质应该非常一般。

在栋夫龙（旧时叫"le Passais"）和莫尔坦（Mortainais）这两个传统的梨酒产区，人们发现了一些4世纪时梨酒生产的遗迹。在一些政府部门和家庭的账单资料中，人们也找到了一些关于梨酒的遗迹。比如，1453年在奥恩省阿尔让丹（Argentan）收容所的账目里，人们这样标注道："卖给农民的梨酒价钱为每斗半苏。"随着时间的推移，梨酒的质量已经得到了明显提高；今天我们喝到的梨酒，是一种比苹果酒更加清爽的饮料。

文学小贴士

"梨树，一百年成树，一百年长大，一百年死去。"

——民间谚语（Proverbe populaire）

植物小百科

梨树，落叶乔木，高约15米，叶子为完全叶，椭圆形，略带光泽，叶缘呈精细锯齿状，长叶柄。简单白色花，花期为4月—5月，伞房花序。到了成熟期，花托逐渐变成饱满的假果。梨树寿命长，最长可活200年。梨酒中如有果肉细粒，口味更佳。

"鸡尾酒"

梨酒
(Vin de poire)

1 人份配料
2 厘升威廉姆斯梨子酒　3 厘升梨糖浆
4 厘升白葡萄酒　0.5 厘升草莓糖浆　1 个梨

制作方法
首先将梨削皮，用小火将梨和适量的糖加热熬
成糖浆。然后，将加热后的糖浆过滤，
待梨糖浆冷却。接下来，把过滤后的梨糖浆
和梨烧酒、白葡萄酒、草莓糖浆混合并倒入
一个香槟酒杯中。最后放入
几块冰块即可。

柚子味的橙子

葡萄柚 (LE POMÉLO)

我们日常生活中所说的水果名称经常会受到市集柜台上的标签影响，比如，为了区分不同颜色的柚子，人们通常会说"柚子"和"玫瑰柚"。一直以来，人们分辨不清柚子的各个品种。"柚子"其实属于柑橘类。16世纪时，柚子树作为装饰性植物被带到了葡萄牙，尽管它的果实当时不可食用，但它却具有很高的观赏价值，那时候最大的柚子直径可达20厘米。随后人们逐渐在水果店发现了各种各样被贴上了"中国柚"标签的可食用品种。长期以来，柚子被认为是海员的必备食物，原因是，一方面其富含丰富的维生素C，另一方面它比起易腐烂的柠檬储存时间更长。

后来，柚子树传播到了安的列斯群岛，那里的人们称它为"沙达克"（chadec）。这个名称其实是将柚子运送到岛上的船长的名字（沙多克，shaddock）的谐音。南美洲同样也是葡萄柚的发源地，自19世纪起，"shaddock"对美洲人来说，便专指"葡萄柚"。对，我们早餐所吃的富含维生素的多汁水果确实属于葡萄柚类。人们猜测葡萄柚可能是柑和柚子的杂交品种（一些人更倾向说它来源于柚子的自然转变），其最早的踪迹出现在1750年的巴巴多斯岛（Barbade），由于其幼小的果实让美洲人联想到了一串串葡萄，所以美洲人将它命名为"葡萄－水果"（grape-fruit）。关于它的命名还有另一个版本的说法：由于它的味道很像葡萄，人们难以仅凭口味将二者区分开，所以称它为葡萄柚。"葡萄柚"这一名字的正式出现是在1814年，这个名字不仅得到了所有盎格鲁－撒克逊人的一致认可，而且为了更清楚地将它与普通柚子区分开，甚至在阿尔及利亚工作的法国农学家也称它为葡萄柚。葡萄柚的果实比柚子小，而且这些年人们的消费习惯也发生了改变，比起唐肯（Duncan）这样酸涩的品种，人们更喜欢选择那些更柔、更甜的品种，尤其是红宝石柚（Ruby）和星宝石柚（Star Ruby）这样的玫瑰葡萄柚。

"鸡尾酒"

多维水果汁
(Multi-fruits)

1 人份配料
1/4 橘子汁   1/4 柠檬汁
1/4 柚子汁   1/4 草莓汁

制作方法
首先，将一些冰块放入高 25 厘升的杯中。
然后，依次慢慢地往杯内倒入
橘子汁、柠檬汁、柚子汁。
接下来，再往杯内加入草莓糖浆，
无须搅拌。最后，用几个草莓和
一个橘子薄片装饰即可。

植物小百科

葡萄柚，树高 4—6 米，叶子密集，有光泽。四季常青，叶片大，椭圆状，日照下闪闪发光，叶柄附有少量翼瓣。花呈简单花型，白色，15—20 朵聚集成串，并逐渐变为成串的果实。通常在这些果实长大之前，美洲人称它们为葡萄。

从土里到酒里

土豆（*LA POMME DE TERRE*）

土豆的发源地位于安第斯山脉（Andes）的秘鲁（Pérou）和玻利维亚（Bolivie）的中心地带。大约在一万年前，美洲的印第安人就已开始种植和改良土豆了；它是人类最早种植的蔬菜之一。由于它在世界的各个角落都有种植，直到今天，土豆仍是世界产量第一的蔬菜。土豆是随着征服者来到欧洲的。其中第一种踏上欧洲领土的土豆，是一种开白色或紫色花的红色土豆，这种土豆是经由加那利群岛（les îles Canaries）到达欧洲的。第二种则是开白色或紫色花的黄色土豆，这种土豆是通过一艘英国的船到达北美的。今天，土豆以各种形式进入许多简单的菜品中，比如油煎土豆、土豆泥、油炸土豆。显而易见，土豆在进军饮料界时并不顺利，用它制作一种美味的糖浆或助消化饮料，不是件容易的事。其实，土豆还是可以在制作烈酒方面发挥重要作用的，比如制作伏特加和阿夸维特酒。

淀粉是土豆的主要成分，这种物质很容易转化成葡萄糖，而这些转化来的葡萄糖在经过发酵和蒸馏后，便能生成可用来制作酒的乙醇。根据这一原理，16世纪时，人们研制出了伏特加酒，这种酒最早起源于波兰，用波兰方言也叫"小酒"（petite eau），它把东欧人和"淀粉"这种普通的元素巧妙地联系了起来。当时，这种酒的生产方式在波兰尤其盛行，而且在俄罗斯也很受欢迎。19世纪时，由于出口的需求量增大，一些被用于制作烈酒的谷物价格也大幅增长。随着伏特加酒不断被传播到世界各地，它已成为斯堪的纳维亚国家（les pays scandinaves）和西方国家的民族性饮料，而且它也成了今天世界上最受消费者青睐的烈酒。到目前为止，世界上已经有了5000多个牌子的伏特加酒，如果您的肝受得了的话，可以慢慢地一一品尝和比较……

文学小贴士

"这个小周周，他有自己的秘密，呦，呦，呦。只需50公斤土豆，一包木屑，他就可以用蒸馏器为你制作出25升的八角茴香酒。这是个真正的魔术师啊，小周周！正因如此，我才敢冒昧命令那些胡说八道的人最好闭上他们的臭嘴。啊！"

——电影《亡命的老舅们》（*Les Tontons flingueurs*），导演：乔治·劳特内（Georges Lautner），编剧：米歇尔·奥迪亚（Michel Audiard, 1963）

起泡伏特加
（Vodka bubble）

1 人份配料
汽水适量　4 厘升伏特加
3 厘升柠檬汁　0.5 厘升糖

制作方法
首先，将伏特加、柠檬汁和糖全部倒入
装有冰块的 25 厘升杯中，并充分搅拌。
然后将汽水倒满杯子，
最后用一个橘片为酒杯做装饰即可。

植物小百科

　　土豆，草本落叶植物，生命力强，一年生植物，
地上部分茎高约 80 厘米，叶长约 20 厘米，由 7—9
片小叶组成。通常其根茎的地下部分会长出很多附
有块茎的匍匐茎，块茎近椭圆形，个别部位凹凸不平。
花为微蓝色小花，直径为 3—4 厘米，呈聚伞花序。

最原始的苹果酒

苹果树 蔷薇科

苹果树（*LE POMMIER*）

从古代起人们就已经在喝发酵的苹果汁了，比如希伯来人喝的"沙卡尔"（shakar）和古希腊人喝的"勒沙卡尔"（le shakar）都是苹果酒的代表。现在，在所有地中海地区的人家中，甚至在英格兰人和德国人的家中，我们都可以找到一种最原始的苹果酒。正如梨酒和葡萄酒一样，在中世纪时，在苹果种植的区域苹果酒就开始变成日常消费饮料了。人们消费苹果酒远远超过了消费以谷物为原料的啤酒，更何况，人们当时更愿意把啤酒当成粮食贮存。由于苹果树，或更广义地讲，果树是人类生活中必不可少的植物，因此当局便以立法来保护这类植物并惩罚所有故意破坏者。比如查理曼大帝（Charlemagne）在他颁布的庄园敕令中曾提到几种水果树，其中就包括苹果树，而且为了让更多的人有机会尝到梨酒、苹果酒、大麦啤酒和用于制作形形色色的饮料的利口酒，他还颁布了一些促进"啤酒酿造者"（sicetores）在其领域工作的法律。

公元 11 世纪和 12 世纪时，诺曼底的果园得到了繁荣的发展，其辉煌甚至延续至今。直到今天，这里的苹果仍被用于苹果酒的制作。公元 13 世纪时，水果榨汁机的发明为苹果酒开辟了新的发展道路——也就是我们今天所说的水果酒和水果汁生产的工业化。从那时起，人们便开始通过品种的选择来提高苹果酒的质量。我们今天仍在喝的苹果酒就是在这一时期兴起的。人们认为苹果酒是一种地区性饮料，而并非大众饮料，在法国除诺曼底地区之外的省份，除了在圣蜡节（chandeleur）时，人们很少能够主动想到这种饮料。尽管受到地域的影响，但是在 20 世纪初，苹果酒却仍成为仅次于葡萄酒并超越了啤酒的第二大受消费者青睐的饮料。然而好景不长，自从遭到第二次世界大战的破坏，诺曼底的果园从未得到真正的恢复，苹果酒的消费也逐渐进入了衰落期，再没有找回从前那样的地位。

文学小贴士

苹果酒是一种喝完后可以使人做回自己的饮料；是一种喝完后可以使人变得坚定强壮的饮料；是一种喝完后可以使人头脑冷静、思维敏锐的饮料；是一种喝完后只能使人研究利息论的饮料。人们常说：喝完啤酒的人，能够写出一篇关于黑格尔（Hegel）哲学的论文；喝完香槟酒的人，能够喋喋不休地讨论傻剧（14—16 世纪的一种法国讽刺滑稽剧。——译注）；喝完勃艮第葡萄酒的人，能够做出这种葡萄酒；喝完苹果酒的人，能够撰写出一份租赁合同。

——于勒（Jules）和爱德蒙德·龚古尔（Edmond de Goncourt），《想法和感觉》（*Idées et sensations*，1866）

132

"鸡尾酒"

苹果糖浆
(soupe de cidre)

7 人份配料
1 瓶苹果酒　30 厘升橘子汁
3 厘升白兰地酒　15 厘升甘蔗糖浆

制作方法
首先将新鲜橘子汁、白兰地酒和甘蔗糖浆
倒入一个沙拉盆中。
然后，将这些混合物充分搅拌。
最后，再往里倒入冰镇的苹果酒，
之后插上吸管就可慢慢享用了。

植物小百科

　　苹果树，落叶乔木，树高最高可达 15 米，
叶片呈微锯齿状，翠绿色，有光泽。伞形花序，
雌雄同株，白色花瓣，每 5 个花柱组成一个
花蕾。果实为假果，由花托逐渐演变而成。

甘甜的根

甘草（*LA RÉGLISSE*）

甘草起源于地中海一带，自古以来它就被人们当作药用植物使用。以前，它是法国南方的重要作物之一，尤其分布在卡马尔格省（Camargue）。此外，在安德尔 - 卢瓦尔省（Indre-et-Loire）和布尔格伊（Bourgueil）地区我们也可以看到这种植物。甘草曾长期与加尔省（Gard）和埃罗省联系在一起。15 世纪时，雅克·柯尔（Jacques Coeur）（15 世纪法国商人，查理七世的财长。——译注）开始将甘草商业化，城里的糖果商纷纷用甘草制作糖衣果仁，所以那时学生们时常会分发这种糖果以庆祝考试的结束。从 18 世纪初到整个 20 世纪，一些大型甘草厂先后在加尔省建立了起来，直到这种产品几乎消失它们才逐渐关闭。但是，一些具有药理功效的小胶姆糖（petits gommes）和糖片，还有一种诞生于 17 世纪且在后来具有重要地位的甘草饮料却被保存了下来。

17 世纪，甘草饮料诞生了：那时，人们通常把一些甘草根的碎片浸泡在水中用以制作一种清凉解渴的饮料。起初，这种饮料被简单地称为"泡剂"（tisane）。自 18 世纪起，布尔人（Boer）开始售卖甘草柠檬露，这种行为逐渐变成了一种街头小职业，20 世纪初，这种街头流动小贩发展到了巴黎。尽管穿越了无数大街小巷，辗转了无数城市，但这种饮料的配方却从未被改变，它一直是一种简单的饮料，人们只是偶尔会往里面添加一点儿柠檬汁改善其味道。很长一段时间后，这种饮料被人们重新命名为"甘草汁"，并在后来被人们当作调味品使用。今天，我们仍然能够在一些人家中看到它的身影，至少在法国南方可以看到，那里的人们仍然延续着制作这种简单饮料的传统，只不过不再选用柠檬汁，而是换成了可可粉作为其配料。"新鲜的饮料，新鲜的饮料，谁要喝？"这是流动商贩的叫卖声，他们常常背着甘草水，系着铃铛，穿梭在大街小巷。当有人要买水时，他们会先用围裙的白色反面为客人擦拭好杯子，而今天，这样一个充满温情传统的行为竟为这份职业招来了卫生学的抨击。

"鸡尾酒"

甘草糖浆
(sirop de reglisse)

20 人份配料
200 克甘草根　2 个八角茴香
1 公斤糖　1 升水　1 个柠檬

制作方法
首先，在平底锅中放入甘草根、八角茴香、
糖和所有柠檬片（事先将柠檬切成薄圆片）、柠檬汁和水。
然后用小火加热至锅中的糖完全融化。
之后盖上锅盖，保持小火煎熬 1 小时。然后关火，
待锅中液体冷却。接下来用细筛将冷却后的糖浆过滤，
并将所得的糖浆装入一个已用沸水煮过的瓶中
（为了消毒）。最后盖上瓶盖，
液体存放 3 周后即可饮用。

植物小百科

　　甘草，草本植物，由于其根部结实且具
匍匐根系，这种植物非常茁壮，生命力强，高
度可达 40 厘米—1.5 米。叶子为大羽状叶，由 9—
17 片亮绿色小叶组成。小紫花，呈穗状，长方形，
随后逐渐变成小扁荚果，荚果长约 3 厘米，内含许
多种子。

醉人的谷物

水稻 (*LE RIZ*)

6500 年前，水稻就已成为一种家庭种植的作物。它的种植开始于以下几个国家或地区：中国、泰国、越南（Vietnam）、南印度。大约在公元前 800 年，水稻开始向近东和南欧迁徙。后来，它被阿拉伯人传播到了西班牙，并在 15 世纪中期时扎根到了意大利，甚至出现在了法国南部。如果说水稻和小麦一样，是世界上人们吃得最多的谷物，那么我们不得不说由这种谷物制成的饮料相对来说就太少了，而且似乎只有"米酒"这一类。因为这类饮料早已成了人类历史的一部分，所以我们可以断言，"米酒是一种古老的酒"。有人推断米酒是中国人在公元前 2000 年发明的，但是人们却在一篇地理类的日文文献中发现了这种酒的最早踪迹，其时间为公元 8 世纪，与上述所说的"公元前 2000 年"明显不符，这就是为什么今天人们仍不敢确定地说米酒产自日本的原因。与米酒的诞生相比，它进入商业化生产的时间相对来说比较晚，直至 17 世纪才真正兴起。今天，米酒的原始制作工艺仍在日本流传。

正如啤酒一样，米酒的制作工艺实质上是一个发酵的过程。首先我们将稻米打磨以除去蛋白质和脂质，使其只剩下淀粉，通常，打磨的程度越高，米酒质量就越好。由于米酒是由水（80%）和稻米（20%）混合而成，而其中的稻米指的是通过曲糖化后发酵的稻米［曲（Koji）是一种通过将淀粉放在曲霉属（Aspergillus）蘑菇根上使其发酵从而获取麦芽汁的方式］。因此我们可以说，米酒是一种"大米啤酒"。几乎所有的米酒爱好者都知道，还有一些品种的水稻专门用于米酒的制作，比如山田锦稻米（Yamada-nisbika）、奥玛士稻米（Omachi）、玛雅玛 – 尼希克稻米（Mayama-nishik）或苟雅库芒 – 无麸（Gohyakuman-goku）。

文学小贴士

长江将成堆的黄金和鲜花带到了南京……在江上的小船上，人们可以买到各种各样的东西……米酒、祭祀用的酒（alcool de religion）、鸦片、妓女……那里的小摊还会告诉你，法国海军陆战队曾长期是哪些茶房的常客……那时候，人们懂得如何笑……

她破产了／为了一个靠她养活的玫红色头发的男人／那个男人是个犹太人，身上总有股臭蒜味／他来自台湾／而她则来自上海的一家妓院。

——哦！真不错！……

—— 我突然感觉头晕，不舒服！……是酒，

是酒使我又返回到那里……

当我跌入河里时……

——亨利·维尼尔（Henri Verneuil），《冬天里的一只猴子》（*Un singe en hiver*），编剧：米歇尔·奥迪亚（Michel Audiard）

"鸡尾酒"

趣味米酒
(Sake fun)

1 人份配料
30 厘升啤酒，5 厘升米酒

制作方法
首先，在 25 厘升杯中倒入 12.5 厘升啤酒。
然后，将米酒倒入一个小利口酒杯中直至
杯满为止。接下来，在 25 厘升杯上放两根筷子，
使小的利口酒杯刚好能够放在筷子上。
这时用拳头敲打桌子以使小利口酒杯
落入盛有啤酒的 25 厘升杯中，最后，
一口喝完杯中的酒即可。

植物小百科

　　水稻，半水生植物，茎秆高 60 厘米—6 米，多
株聚集成簇状，具狭长叶子，这也是水稻可漂浮在
水面的原因。通常，随着收获季不断临近，茎秆中
会长出一种多分枝的高为 20 厘米—30 厘米的圆锥花
序（穗），这种花序一般由 50—300 朵花或小穗组合
而成。成熟时，这些小花逐渐变成种子。果实属颖果。

137

永葆青春的秘密

迷迭香（*LE ROMARIN*）

几乎人人都认识迷迭香，这种最初生长于石灰质荒地上的小灌木，如今已成为我们花园中的一种装饰性植物。而很少有人知道，这种植物的品种多达数十种，如直立状、爬蔓状、球状，颜色则有深蓝色、白色和玫瑰色的。尽管它们种类各异，但是在传统医学方面，所有的迷迭香品种都有相同的特性，且它们均属于芳香型植物。自公元 2 世纪起，人们就用迷迭香制作出了一种香水。今天，人们又制作出了一种男女均可用的匈牙利水（l'eau de Hongrie），这种水可作为香精或淡香水使用。顾名思义，"匈牙利水"最初起源于匈牙利，这种发明于 1370 年的迷迭香酒精制剂起初是专门为匈牙利王后波兰的伊丽莎白（Elisabeth de Pologne），也就是匈牙利国王查理·罗伯特（Charles Robert）的妻子调制的。这就是它被称为"匈牙利王后水"的原因。匈牙利王后大量涂擦并服用这种制剂，后来，这种制剂成为了她一生维持美丽的秘方，相传她在 72 岁时还收到了波兰王子的求婚。但归根到底，这个故事是说给那些喜欢仙女童话的人听的；事实是，由于她的儿子匈牙利的路易（Louis de Hongrie）成了波兰王子，所以她最终成了波兰的国母。因此其实迷迭香与她的命运并无关系。但尽管如此，这款迷迭香制剂最终还是被香料商弗拉戈纳（Fragonard）商业化了。其制作过程大概是这样的：把等量的香柠檬（bergamote）、茉莉（jasmin）、薰衣草（lavande）、龙涎香（ambre）和在香水之都格拉斯第一次被使用的芳香植物添加到一种用迷迭香叶子浸泡的葡萄酒中就可以了。要注意绝不可以大量饮用这种匈牙利水，因为迷迭香只有加入利口酒，或者被制成可供禁食者饮用的"泡剂"时，才能发挥其助消化的功效。此外迷迭香还可以治愈肝类疾病，或充当利尿剂和缓解神经紧张、偏头痛和神经衰弱的镇静剂。

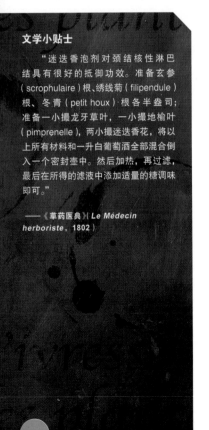

文学小贴士

"迷迭香泡剂对颈结核性淋巴结具有很好的抵御功效。准备玄参（scrophulaire）根、绣线菊（filipendule）根、冬青（petit houx）·根各半盎司；准备一小撮龙牙草叶，一小撮地榆叶（pimprenelle），两小撮迷迭香花，将以上所有材料和一升白葡萄酒全部混合倒入一个密封壶中。然后加热，再过滤，最后在所得的滤液中添加适量的糖调味即可。"

——《草药医典》（*Le Médecin herboriste*，1802）

迷迭香糖浆
(Sirop de romarin)

2 人份配料
500 克糖　50 厘升水　3 枝迷迭香

制作方法
首先，将糖和水加热直至沸腾。
当糖完全溶化在水中时关火，
将其倒在迷迭香上。
然后将其置于高温处浸泡 24 小时，
之后过滤，再用中火将过滤后的液体加热，
至糖浆状即可。最后装瓶，
并将其置于阴凉处存放 3 个月。

植物小百科

迷迭香，灌木，高 50 厘米—1.5 米，四季常青，叶狭长，革质，叶缘卷曲，正面呈暗绿色，反面呈银色。花为蓝色发白的小花，呈串状。这种植物的所有部分闻起来都有一股樟脑气味。味涩。

小水果也能做成甜酒

桑树（*LA RONCE À MÛRES*）

Mûres 一词既指生长在桑树上的果实，也指桑树本身，是一种桑科植物。目前地球上有上百种桑葚，它们都生活在温和的气候下。其中，对我们来说最为熟悉的要数那些生长于斜坡上、荒芜之地或路边的品种。这种水果起源于小亚细亚半岛（Asie Mineure）和高加索山脉（monts du Caucase）一带，在很久以前就征服了地中海地区。和艾达山上的覆盆子或树莓、犬蔷薇（églantier）一样，它也是被古希腊植物学家泰奥弗拉斯托斯（Théophraste）和随后的老普林尼做过详细描述的三种浆果植物之一。尽管这些多汁甜蜜的小果子素来就是人们的消夏水果之一，但是起初人们却更多地把它当作药用植物使用，它也因此被赋予了很多功效。直到 19 世纪，多亏了那些迷恋和寻找上好浆果品种的英国园艺家和美国园艺家，桑葚的地位才有所提升，人们才更乐意去啃吃这些小果实，或将它们做成各种馅饼和果冻。不得不承认，那些生长在花园中的桑葚的确非常美味，而且它们并不像路边或斜坡上的品种那样令人讨厌，至少对那些无刺品种来说是这样的，比如曾在一些古老的医学书和植物书中出现过的无刺桑葚（spineless），在经过了一段时间的进化之后，它又重新得到了人们的赏识。当桑葚非常成熟时，我们只要碰它一下，就会被它的汁染上颜色。这一点，只需要看看人们以前常说的那些小贪吃鬼的手就知道了，或许他们的手并非被墨弄脏，而可能是在逃学去偷吃桑葚的时候被弄脏的。这种美味的桑葚汁还可以用来制作糖浆、葡萄酒和比基尔酒中的黑加仑甜酒更吊人胃口的桑葚甜酒。

文学小贴士

挑选成熟的桑莓，将它们弄碎，并与等量的水混合。24 小时之后，将混合液倒入筛滤器过滤。然后，以 20 克糖掺 1 升水的比例加入糖，让其自然发酵，当液体变得清澈透亮时，便可装瓶。

通常，利用家中的不同器皿我们就可以自制不含葡萄却有葡萄酒味道的果子酒以及各种经济省钱的饮料。

——丰塔尼耶出版社（Fontanier, 1856）

植物小百科

桑树，灌木，因其地下根系发达，所以生命力很强。每年，一些新生的具有尖刺的蔓生茎会从地下长出。到了开花期，茎上会长出一些简单的略带玫瑰色的白花，第二年在花还未凋谢前，茎上会结出一些果实，通常由许多非常小的核果组成。

"鸡尾酒"

桑葚利口酒
(Liqueur de mûre)

10 人份配料
1 公斤桑葚　1 升伏特加
600 克糖　10 厘升水

制作方法
首先将桑葚置于装有伏特加的密封容器中浸泡 20 天，
然后用精细的织物将浸泡过的酒过滤
并挤压浆果。接下来准备好糖浆
（用水和糖熬制），将它与之前的过滤后的
浸泡酒混合。最后，装瓶，
存放 3 个月后就可饮用。

油莎草 莎草科

光滑山核桃

油莎草 *(LE SOUCHET)*

可以说，油莎草是我们的菜园中最不被赏识的一种可食用性植物，即便在法国南方也是如此。这其实是一种非常古老的地中海植物，人们在公元前 2000 年的埃及第十二王朝的古墓中发现过它的踪迹。据了解，这种植物在过去常被用来制作一种食用油。而在欧洲，它则以"光滑山核桃"——它的另一个名字而被人熟知。可能是从中世纪起它就开始进入人们的厨房，经历了几个世纪的沉寂后它再次被人们发现：为此，我们可以在 1892 年出版的一本探索对人类有用的植物的书——《粗布和木料探索集》(*le potage d'un curieux de Bois et Pailleux*)中找到关于这种植物的详细描述。在法国，大部分油莎草生长在西南部，更准切地说，在朗德省（Landes）地区，那里的油莎草无论是在品质方面还是在收益方面，都能够和来自西班牙的油莎草相媲美。

油莎草的小块根吃起来非常简单，只要将其清洗干净，便可当开胃菜食用，可直接生吃，也可油煎或烘焙。我们可以在一些绿色食品商店中看到这类食品。由于其块根中含有 50% 的碳水化合物，它的果肉是甜的，而它的口味则有点儿说不清，混合了杏仁、榛子、栗子和花生的味道。这些块根还可以被研磨成粉末，并按照杏仁粉末的使用方式应用于甜点制作。当然，这些粉末也可以应用于冰糕的制作。好吧——那样做的话，就有点儿扯远了……生活在巴伦西亚（Valence）区的西班牙人用油莎草成功地制作了一种饮料。（要是保存流传下来就更好了！）这种饮料被人们称为欧洽塔（*horchata*），它的气味和味道与杏仁糖浆的气味和味道很接近。你们将会明白，这是一种我不喜欢的饮料，甚至可以说一点儿也不喜欢。当我第一次试着喝下它的时候，我还以为那是一个非常坏的玩笑。

文学小贴士

"呸……难喝！"

——赛尔日·沙（Serge Schal）

植物小百科

油莎草，高 20—40 厘米，叶子非常狭窄，聚集成丛状。其根茎细长，末端有一个覆有棕色鳞片的块根，形状类似于小榛子，这正是这种植物的可食用部分。乳白色小花，通常这种植物在法国的气候下不开花。

"鸡尾酒"

德班宣言和行动纲领
(Délit de faciès)

10 人份配料
250 克油莎草　200 克糖　1 升水　1 个香草荚

制作方法
把油莎草块根清洗干净，放入一个大容器中
浸泡 48 小时。在浸泡期间，块根会开始膨胀，
用手轻轻揉搓它们，将其清洗干净，再放入
冷水中浸泡 12—14 小时。之后再清洗几次，
直到水清澈透明为止。接下来把块根和
1 升水、糖、香草荚一起放入搅拌器中搅拌，
再把搅拌后的液体置于阴凉处 2 小时。
最后，用一块干净的滤布将其过滤，
倒入杯中饮用即可。

饮中贵族

茶树（*LE THÉIER*）

许多画面都能够唤醒我们对茶的记忆：中国封建王朝官员的茶趣，青藏高原人们吃肉干时喝的酥油茶，冗长又不可缩减的日本艺伎茶艺，印度人的伴侣或英国人屋内那暖洋洋的气氛，以及时常出现在一些老妇人看的侦探小说里的情景——趁机在茶中放入几滴砒霜或使点诡计在茶中倒入灭鼠药。茶可以出现在任何场合。历史上第一个关于茶的具有影响力的神话，来自中国。这个故事要追溯到公元前 2737 年左右。相传，在水还是唯一的饮料的那个时代，中国医学的奠基人——神农氏明智地建议人们把水烧开后再饮用。一天，他正在一棵树下谈公事，几片叶子掉进了一旁的开水中，后来人们发现这是一种茶树的叶子，从那时起，茶便诞生了。

第二个神话则出自日本，且年代更近，大约在公元 520 年。故事开始于一位乔装成苦行僧并化名为菩提达摩（Bodhidharma）的来中国皈依佛教的印度王子。为了能够在长时间的冥想中保持头脑清醒，他切掉了自己的眼皮，并把它扔到了地上。不久，在他的眼皮被扔下的地方长出了一棵小灌木，于是，每当他的弟子们犯困时，便从树上采摘一些叶子和花制成饮料。虽然故事的情节有点不可思议，但无论如何，这两个神话至少能够说明，茶树最初的确起源于中国，然后才传播到了日本。据了解，8 世纪时，茶树已被种植在了中国南方的 13 个省，而到了 10 世纪时，中国已经开始出口茶叶了。

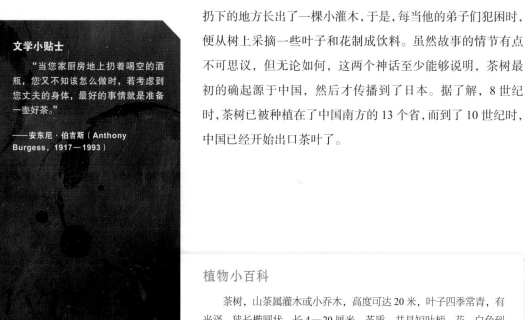

文学小贴士

"当您家厨房地上扔着喝空的酒瓶，您又不知该怎么做时，若考虑到您丈夫的身体，最好的事情就是准备一壶好茶。"

——安东尼·伯吉斯（Anthony Burgess，1917—1993）

植物小百科

茶树，山茶属灌木或小乔木，高度可达 20 米，叶子四季常青，有光泽，狭长椭圆状，长 4—20 厘米，革质，并具短叶柄。花，白色到浅黄色，直径 4 厘米，单生于叶腋或 3—4 朵组成聚伞花序。果实为蒴果，室背开裂。树龄长，可超过 100 年。

"鸡尾酒"

柠檬冰茶
(Thé glacé au citron)

3 人份配料
50 厘升水　3 袋茶　1 个绿柠檬　糖适量

制作方法
首先把水烧开，并将绿柠檬切成薄片，
之后把 3 袋茶和柠檬薄片全部放入水中。
然后依个人口味添加适量的糖，待糖融化后关火，
浸泡 5 分钟。接下来，捞出茶包，待浸泡液冷却后，
将其倒入装满冰块的 25 厘升杯中。
最后，用一片柠檬薄片和一片薄荷
为杯子做装饰。

茶（续篇）

俄罗斯茶（*THÉ RUSSE*）

可以肯定的是，茶树从中国走向世界并逐渐被广泛接受。关于茶叶走向世界的旅程，13 世纪的旅行家马可·波罗（Marco Polo）曾做了详尽丰富的记载。大概在 1618 年，中国人将茶作为礼物献给了沙皇阿列克谢（Alexis），从那时起，茶便开始传播到了俄罗斯，而阿列克谢正好成为了茶在俄罗斯的主要推广者。1610 年，人们在一些荷兰的商船上看到了第一批到达欧洲的茶；而且据了解，那些茶是来自日本平户岛（île Hirado）的绿茶。最初，茶的交易混乱无序，而且由于其价格昂贵，普通人家根本买不起，所以它的买卖最初非常保守。在很长的一段时间里，茶在法国一直只是贵族阶层的专享品，就连当时的小资产阶级都喝不起。大约经过了 50 年的时间，茶才从贵族阶级普及到普通人家中。它的受欢迎程度如此之高，以至于人们对它的消费远远超过了对酒的消费，而且，它的买卖并没有像咖啡一样影响到法国的公共财政。

1689 年，随着税率的提升，一场大规模的茶走私行为爆发了，与其同时发展起来的，还有后来持续了 120 余年的茶叶黑市。

我们要讲述的最后一个关于茶的重要历史事件发生在 19 世纪末的印度，今天，这个国家已变成了世界上最大的茶生产国。在那个时代，日本人喝自己生产的茶，中国人则保证对全世界茶的供应，但是茶的需求却一直在不断增长。1823 年，苏格兰人夏尔特·布鲁斯在北印度发现了阿萨姆茶树。这一发现促使英国人开始种植这种茶树以及几种中国的著名茶树。后来，英国人詹姆斯·泰勒爵士（sir James Taylor）将茶的种植技术带到了当时只种肉桂和咖啡两种作物的斯里兰卡（Ceylan）。随后世界上的其他国家也相继出现了茶树的踪迹，它们是印度尼西亚（约 1840 年）、马来西亚（1874 年初）、俄罗斯（1893 年）以及紧随其后的伊朗（1898 年）。

"鸡尾酒"

薰衣草茶
（Spice tea）

1 人份配料
1/2 根桂皮　1 厘升蜂蜜
8 厘升苹果汁　8 厘升茶

制作方法
首先将茶、苹果汁、蜂蜜和桂皮放入
一个平底锅中用小火加热。随后将液体倒入
一个大啤酒杯中即可饮用。

百里香 *唇形科*

好喝的百里香饮料

百里香（*LE THYM*）

百里香的种类繁多，目前世界上有大约 300 个品种。事实上这些年来，这种小芳香植物已经扩大了它的活动领域，并逐渐被一些山水园林爱好者变成了一种装饰性植物。

有人说，百里香是生机、强壮、健康的象征。这种说法似乎有根据，因为百里香本身具有强大的杀菌作用，尤其能够抑制呼吸道疾病。这就是为什么希腊人无论是在寺庙里、住宅里，还是在一些公共场所都会烧百里香。出于同样的理由，他们也用它擦拭身体，而他们在洗澡时，也会在浴池中滴上几滴精油。当然了，百里香也可以充当药物，比如百里香药水、百里香饮剂，或者百里香煎剂……当然，除了熏蒸法以外，人们也可以大量饮用百里香饮料从而提高免疫力、保护呼吸道、促进消化和治愈肝类疾病。而不加糖不加蜂蜜的百里香水，则可以缓解呕吐引起的各种不适。百里香制酒是打着"助消化"的旗号兴起的，然而其实根本不需要寻找借口：百里香利口酒就是好喝，非常好喝。

拉丁文 *ferus*（野生的），来源于 *fericula*（小野生植物）一词，而 *fericula* 则是从转变成 *ferigoulo*（百里香）的旧词 *ferigola*（小野生植物）派生而来的词，并最终演变成法语 *farigoule*（百里香）。1914 年时，*farigoule* 一词又被装扮上了一个小后缀，于是 la *farigoulette*（百里香，ette 小化后缀）这一词便诞生了。而百里香利口酒正是在这一名字下开始被商业化的，正如我们在一些商店所发现的一系列的百里香利口酒一样，被商业化的百里香酒通常是由百里香与其他芳香型植物混合酿制而成的。当我们在巴利阿里群岛（Les Baléares）旅游时，不妨细细品尝一下当地的加冰弗里戈拉（Fricola）酒，它是一种由多种芳香型植物酿成的利口酒，主要成分为百里香。

文学小贴士

百里香蒸馏酒或百里香饮剂对那些羊痫风患者（epilepsie NDLA）非常有益。而百里香煎剂则可以减轻哮喘，杀死细菌，使人体复原，我们可以在饮用百里香饮料时使用玻璃器皿……

百里香煎剂还具有利尿和调节女性荷尔蒙的功效。

——路易斯·里戈（Louis Liger）和亨利克斯·巴尼（Henricus Bernier），《农村新风貌和致富经济》（*La Nouvelle Maison rustique, ou Économie générale de tous les biens de campagne*, 1768）

"鸡尾酒"

百里香糖浆
（ Sirop de thym ）

20 人份配料
2 碗百里香　　1 升水　　1 千克糖

制作方法
首先将百里香放置到一个粗陶容器中。
然后往里倒入 1 升沸水，让其置于流通的空气中
浸泡一天。接下来，将浸泡液过滤，
再在过滤后的液体中加入 1 千克糖。
将液体用小火熬 1 小时后关火，
撇去泡沫。待糖浆冷却后，
装瓶即可。

植物小百科

　　百里香，小灌木，高 10—30 厘米，呈密集集簇状
生长，有匍匐茎。其茎木质曲折，树枝直立,呈灰绿色。
叶子微小，呈披针状，有绒毛。花为玫瑰色或白色，
花期为 5 月—9 月。这种植物的所有部分都有一股微
涩的樟脑味儿。

心叶椴树 *椴树科*

那般甜蜜，那般平静

椴树（*LE TILLEUL*）

椴树花是常见的药用植物之一。当年，多亏了苏利公爵（Duc de Sully）对这种耐修剪的果树的钟爱和推广，椴树才得以在法国逐渐被大量种植于城市绿化带和公园中。阔叶椴（*Tilia platyphyllos*）的花具有与椴树花相同的功效和用途。因为其花期比其他椴树早 15 天，所以人们也称它为夏椴，而心叶椴（*tilleul cordé*）的花期正好与它的花期一样。椴树的果实在研磨后可作为咖啡代用品使用，而椴树尤其让人感兴趣的则是椴树蜜和各种椴树叶饮剂，这些饮剂一般都具有利尿、抗风寒感冒、发汗和镇定的功效。它们尤其适合在临睡前喝。椴树也可以用来制作一种美味的利口酒，而且这种酒很容易自制，只需先把 200 克椴树叶放置在 1 升水果酒中浸泡 2 天，之后，往里加入 1 千克糖继续浸泡。一周后，再加入 1 升水，并将其过滤即可。当然，我们也可以在其中加入几勺椴树蜜来加强这种酒的味道。

椴树饮料的味道和功效直接取决于椴树花的采摘质量：通常，采摘期只有几天，时间大概在 6 月中旬到 7 月中旬之间。进入采摘期的最好征兆，是当我们看到有无数蜜蜂在争先恐后地采花蜜的时候。在那几天人们并不需要采摘椴树果实，而是采摘最好的花和花蕾。椴树花可以用来制作一款诱人的糖浆，这种糖浆后来被应用于一些甜点和药剂的提香。而在一些药品专卖店里，我们也能发现许多椴树冷饮或以椴树粉为基础的可用于安抚小孩和婴幼儿的饮料。

文学小贴士

"不，不，不，我不会去我姑妈家。她一点都不好，她家的味道闻起来就像猫屎。这个喝椴花薄荷茶的老女人，身上总有一股像士兵吃的饼干一样的馊味。不过，这正好清楚地展现了她就像我的爸爸一样丑陋的本质。她简直可以吓到吸血鬼德古拉（Dracula）。"

——歌曲《不，我不去我姑妈家》（*Non, j' irai pas chez ma tante*），皮埃尔·佩雷（Pierre Perret，1968）

植物小百科

椴树，高 15—40 米，起源于欧洲，树干笔直，树皮光滑，当树龄达到 20 岁时开始逐渐皲裂。叶宽卵形，落叶，完全叶，叶缘呈精细锯齿状，微青绿色。花期为 6 月—7 月，乳白色小花，每 5—10 朵聚集，花香似蜜。球状果实。

"鸡尾酒"

椴树威士忌酒
(Whisky-tilleur)

1 人份配料
2 咖啡勺糖　0.5 厘升香草
4 厘升威士忌　25 厘升椴树汤

制作方法
首先将糖、香草、威士忌放入调和器中摇匀。
然后把加热后的椴树汤与摇匀后的液体
混合。最后将液体倒入杯中，
用一个柠檬片装饰即可。

番茄 *茄科*

可以喝的蔬菜

西红柿（*LA TOMATE*）

感谢生活在中美洲和南美洲的印第安人：是他们把西红柿带给了我们，是他们给了我们世界上最好的礼物。实际上，这种植物真正的发源地在秘鲁、哥伦比亚（Colombie）、玻利维亚、智利（Chili）、厄瓜多尔（Équateur）一带。或许当时已经开始种植西红柿的印第安人怎么也想不到，一个白人会来到他们的家园并给他们的生活带来很大变化。在公元前几百万年的时候，种植和改善西红柿的可能是印加人，然后是阿兹特克人，从野生品种到小水果西红柿，在不断的改良之下他们成功地培育出了我们今天所吃的大西红柿。而西红柿是如何传播到欧洲的呢？这一点不得不感谢西班牙的征服者们。相传他们在美洲市场上发现了几种水果和蔬菜，其中就有西红柿，而当他们返回欧洲时便迫不及待地把这种水果带到了西班牙。不久后，西红柿就被传播到了整个西班牙。随后，它又先后征服了法国南方和意大利这两个地区。欧洲关于西红柿菜肴的最早记载是 1680 年的塞维利亚（Séville）的一道西红柿黄瓜沙拉菜。而最早被人们实践的西红柿热烹饪法，则记载于 1692 年的一本那不勒斯（Napolitain）菜谱中。

只要咬一口熟透的西红柿，所有人的下巴就都会染上西红柿汁：它是一种美味多汁的水果，或者说蔬菜。用榨汁机榨取西红柿汁，之后再在汁中加点盐和香芹，这是孩子们的最爱，也是很多业余人士（除调酒师之外的人）经常做的饮品之一。而对于那些并不满意于这种喝比萨感觉的人来说，我们建议他们可品尝一款经典饮料——"鲜血玛丽"（Bloody Mary），这是一款鸡尾酒，最早出现在 1921 年的巴黎哈利酒吧（Harry's Bar）和丽兹酒吧（Ritz）里，其做法如下：将 12 厘升西红柿汁、4 厘升伏特加、0.5 厘升柠檬汁、0.5 厘升伍斯特郡调料汁、2 滴塔巴斯科辣椒酱充分混合，并在喝之前给饮料加入盐、胡椒、椒盐就可以饮用了。当然这种酒也还有其他配方，比如我们也可以用美国的"红鲷鱼"鸡尾酒中的杜松子酒代替这款酒中的伏特加。

文学小贴士

"如同雌雄同株的植物一样，西红柿从未完全被定性为雄性或雌性，它既不是我们所说的水果，也不属于蔬菜。

它的魅力来源于咸酸甜苦恰到好处的混合，当你咬它的时候，这种美味便散发于你的口中，可以说，西红柿值得我们付出一切。"

——皮埃尔·德普罗热（Pierre Desproges），《戏剧台词》（Textes de scène）

米娅（Mia）："这个笑话并不怎么好笑。但是如果你还执意想听，我就给你讲讲。"

文森特（Vincent）："快点讲吧。"

米娅："有 3 个西红柿在街上溜达。西红柿爸爸、西红柿妈妈和小西红柿。小西红柿只顾着看美女拖了后腿。西红柿爸爸生气了，给了小西红柿一记耳光，并且对他说：'你在干什么？再这样，你就变成番茄酱啦。'"

文森特："嗯，嗯。"

米娅："你就会变成番茄酱。"

——《低俗小说》（*Pulp Fiction*，1994），主演：约翰·特拉沃尔塔（John Travolta）、乌玛·瑟曼（Uma Thurman），编剧：昆汀·塔伦蒂诺（Quentin Tarentino）和罗杰·阿夫瑞（Roger Avary）

"鸡尾酒"

超级西红柿
（Super tomate）

6 人份配料
0.8 升西红柿汁　4 小袋薄荷茶叶包
6 片柠檬　适量胡椒粉或椒盐

制作方法
首先将 4 小袋薄荷茶分别放在 4 个杯中，
用开水浸泡 5 分钟。然后，用柠檬泡的水与
西红柿汁混合。之后，将混合液倒入杯中，
加几块冰块，并用柠檬片装饰。
最后，根据自己的口味，
饮用前，放点胡椒粉或
椒盐即可。

植物小百科

　　西红柿，一年生草本植物，喜温，高度根据品种而定，一般为 50 厘米—2 米。茎多棱，绿色，革质，咬不动，覆有精细绒毛。叶交错互生，长 10—20 厘米，5—7 片小叶，叶缘呈锯齿状。花黄色，简单花。果实为浆果，肉质且多汁液，近球状，颜色多样。

153

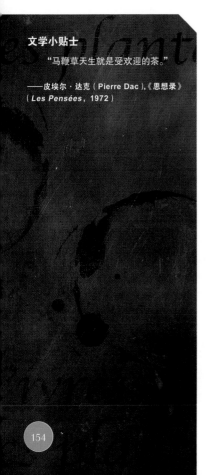

不是柠檬却有柠檬味

马鞭草（*LA VERVEINE CITRONNELLE*）

马鞭草是我们的花园中一种常见的家庭观赏型植物，不过，这种植物在18世纪才到达法国。在还没有完全进入法国前，它被人们视为一种诡异的外来植物。好吧，想想，一种不结柠檬，闻起来却有柠檬味的植物是多么诡异！其实，马鞭草是一种起源于智利的灌木，准确地说，起源于利马（Lima）、瓜亚基尔（Guyaquil）、乌拉圭（Uruguay）和阿根廷一带。后来，植物学家约瑟夫·董贝（Joseph Dombey）（1742—1794）在这些国家旅游时发现了它，并把它的种子寄给了马德里（Madrid）的一个植物园。

后来，奥尔特加（Ortega）对这种通过播种繁殖的植物做了详细描述，并把它取名为"*Aloisa citrondora*"（柠檬马鞭草）。在那些种子长成苗后，人们把其中一些运到了欧洲，比如巴黎自然历史博物馆中就有几棵。1784年，这些植物的看守者们发表了一些关于马鞭草的配有插图的详细报告，并重新称之为"*Verbena triplylla*"（马鞭草）。在还无法确定这种植物是否可以安全过冬之前，人们经常会在冬天做些包装来保护它。但是，植物园中的那些秧苗很快便向人们证明了它们的适应能力，并证明了它们完全能够适应当地的花园。于是，马鞭草迅速征服了这片土地，并不断繁殖蔓延，但当严冬来临时，有人主张最好还是将它们移植到橘园里以帮助其过冬。而生长在法国南方的马鞭草则惬意多了，生长在阿尔卑斯省的马鞭草则更令人满意。在整个法国南部，马鞭草终于避开了花园这种狭隘的小地方而被人们种在了路边，甚至还有人说，在佛罗伦萨（Florence），人们用它做植物篱笆。

没有人能够对马鞭草甜蜜柔和、芳香四溢的味道无动于衷。马鞭草可直接做成助消化的汤剂和饮剂（在19世纪的相关记载中显示，这种茶式饮剂取代了中国的茶），特别是一种让人垂涎欲滴的马鞭草利口酒，这种酒甚至在不用打着"助消化"旗号的情况下，仍然在人类的饮料历史上畅通无阻地前进。

文学小贴士

"马鞭草天生就是受欢迎的茶。"

——皮埃尔·达克（Pierre Dac），《思想录》（*Les Pensées*，1972）

"鸡尾酒"

柠檬马鞭草糖浆
(Sirop de verveine)

4 人份配料
100 克马鞭草叶子   1 升水   1 千克糖

制作方法
首先将糖放入水中,加热溶化,并不断搅拌,
待其沸腾 5—10 分钟后关火。
之后将马鞭草叶放于溶解的糖水中浸泡 4 个小时。
接下来将其过滤,再使过滤后的液体
沸腾 5 分钟,并不断搅拌。
待其冷却后,
装入一个煮沸过的瓶中。

植物小百科

马鞭草,小灌木,高 1—3 米,落叶,叶端成尖,
叶柄短小,手感粗糙。每 3 片叶子组成一个轮生体,
这正是其拉丁名字的由来。小花,白色到淡玫瑰色,
呈人字交错状,分布松散,长 10—25 厘米。这种植
物的所有部分都有一股柠檬香气。

大地之血

葡萄（*LA VIGNE*）

自葡萄诞生以来，它就与橄榄树和谷物共同构成了地中海的农业基础。葡萄种植和葡萄酒酿造业的发展离不开多民族的参与。首先要从希伯来人说起：在《圣经》中这种植物被提及了 200 多次。然后在善于经商的腓尼基人以及希腊人的推广下，葡萄种植被传播到了北非、西班牙、意大利，而法国的葡萄则来源于公元前 600 年建立的马萨莉亚港（Massalia，马塞旧称，公元前 600 年建立，当时是一个贸易港。——译注）。传说，法国的第一棵葡萄苗，被种植在现在的卡西斯镇（commune de Cassis）之后，罗马征服者将葡萄苗和葡萄酒一路传播到了它的各个殖民地，直到他们帝国的边界——英国。在高卢，葡萄被大量种植在纳荷波奈斯地区（Narbonnaise），这个大省的面积是目前法国东南地区的四分之一。随后，葡萄藤又爬上了罗纳河（Rhône）流域和西部地区，之后经过加龙河（Garonne），来到现在著名的波尔多省（Bordeaux）。

在罗马帝国衰落后，教会延续了对葡萄的栽培，因为葡萄酒是宗教祭祀的重要部分，是"基督的血"。后来，在公元前 800 年，葡萄栽培又得到了查理曼大帝的大力支持，我们很难想象没有葡萄酒的那个时代该是什么样子，那是一个水因其受怀疑的卫生质量而不能被直接饮用的时代，是所有的酒精饮料，包括啤酒、苹果酒、葡萄酒在内，被人们当作食物的时代。通常，品质差的葡萄酒都给普通人喝，而优质酒则给上层人士喝。而提供给宾客的葡萄酒，则大多是人们用城堡周围种满的葡萄树上的葡萄自制的。从那个时代起，葡萄酒便不断被改善，并且越来越多样化，直到今天，它依然是饮料中的佼佼者。

植物小百科

　　葡萄，木质藤本植物，长达几米，通过卷须攀缘。茎多气生根，也叫嫩枝。随着年轮增长，逐渐蜿蜒曲折。叶为落叶，锯齿分裂状。果实聚集成串状，浆果，即为葡萄，成熟后由黄色逐渐变为紫色至近黑色。

"鸡尾酒"

热红酒
(Vin chaud)

1 人份配料
1 厘升柠檬汁　15 厘升红葡萄酒
3 个丁香　3 小撮肉桂粉（cannelle）
2 咖啡勺糖

制作方法
首先将所有原料放入平底锅中用温火加热
20 分钟，使糖溶解，并使肉桂完全浸泡在
葡萄酒中。然后将混合物倒入杯中
并过滤掉丁香。最后将其倒入到
一个保温杯中即可。

可以吃的葡萄酒

　　爱开玩笑的人可能会感到这是一个粗俗的说法，但葡萄酒的确是在近些年才被完全列入食物范畴的。或许我们也应该从中看到基督教文化对人们生活的强大渗透，因为在基督教中，葡萄酒总是与面包联系在一起的。其实，葡萄酒配面包，可以说是一种极好的套餐，在这里我们可以举例说明，两公斤面包和两瓶葡萄酒与四公斤面包和两升水相比，前者明显能够给我们提供更多的能量和更多的活力。而且，在一些航海报告中我们可以发现，面包和葡萄酒还可以预防坏血病。它们不仅曾是一些体力工作者和水手的粮食，而且后来也成为士兵配给粮的一部分：这种搭配第一次出现在1914年的军队中，在当时的士兵配给粮中，葡萄酒占据了四分之一的比重。到了1916年，葡萄酒的分量增加到了二分之一，而到了1918年，其比例已成为了四分之三。而且，二者的搭配也在很大程度上帮助了朗格多克人清理他们的葡萄酒库存。由于用于酿制葡萄酒的大桶的木材总是很缺乏，当葡萄酒充斥在战火连天的战壕中时，士兵们总是反复被叮嘱一定要尽心照看那些装酒的大桶。每逢出海时，人们总会预备足够吃几个月的食物，但是这些食物总是坏得很快。干脆的饼干会变成黏黏的面团，新鲜的蔬菜被象虫蛀食，腌制的肉也逐渐腐烂，船上的水也因不流动而慢慢腐败发臭，而唯独葡萄酒始终可以保持住美味诱人的状态，因此，它成为了出海的饮食必备品。这点我们可以在法国海军"拉图什特威尔"（Latouche-Tréville）号舰的航海报告中了解到。

当然，人们还需要保障这些美味的葡萄酒不会变成酒醋，于是他们想到了因《对葡萄酒，葡萄酒病菌和引起病菌的缘由的探索》（Études sur le vin, ses maladies, causes qui les provoquent）这本书而出名的生物学家巴斯德。1808年8月10日，在土伦（Toulon），巴斯德利用加热法成功地完成了一个可用于航海时大规模贮存葡萄酒的实验。后来工程师布伦（Brun）将这个加热葡萄酒的机器卸到了船边，并用它成功地从海水中提取出了饮用水。这真是伟大的功劳啊！

"鸡尾酒"

白葡萄桑格利亚酒
（sangria au vin blanc）

10人份配料

60厘升白葡萄酒　25厘升菠萝汁
5厘升白兰地酒　1汤勺冰糖　1/4个菠萝
半个橙子　1个柠檬　20厘升柠檬汽水

制作方法

首先将白葡萄酒、水果汁、白兰地和冰糖放入一个大容器中。然后，将菠萝削皮，并切成小块备用。接下来，清洗橙子和柠檬，并将其切成精致的薄片。之后，把准备好的菠萝块、柠檬片，以及橙片全部倒到容器中即可。饮用前，可加入柠檬汽水和几块冰块。

其他植物

相比之前我们介绍的植物而言，以下植物虽然更多地应用于一些家庭自制饮料的制作，并一直扮演着不太重要的角色，但是我们并不能为此忽视这类植物，这样做既不公平，又会使我们的作品残缺不全。因此在这里我们也对这些植物进行一些简短描述。

含糖浆的树

刺槐（*L'ACACIA*）

刺槐木属于高质量的上等木材，今天我们经常用它来代替制作我们摆放在花园里的家具所用的进口木材，但真正令我们垂涎的是刺槐花。刺槐花不仅可以用于制作香料和收集刺槐蜜（这是一种非常透亮的蜜，具有开胃功效且非常美味），而且还能够做成刺槐花炸糕。其香味则可为果酱、果冻和糖浆提香；其中刺槐糖浆是一种经典的野味，人们可以和孩子们一起尝试自制这种糖浆。这是一个考察耐心的工艺，一切需从刺槐花的收集（约300克）和花萼的摘除开始。首先用两个手指捏住花，然后用力快速摘下花瓣、雌蕊、雄蕊。当花瓣准备就绪后，将75厘升水烧开，倒在花瓣上，轻轻搅拌后，让其浸泡12个小时。接下来，把浸泡液倒入筛滤器进行过滤，并用木勺按压，在过滤后的浸泡液中加入500克糖，再用温火将其煮沸约45分钟，制成糖浆。接下来的步骤是最艰难的：那就是耐心地等待糖浆的冷却。

勇敢的人还可以试着做刺槐葡萄酒，首先将1升淡红酒和350克糖混合并加热，待糖完全融化后关火，然后将50克刺槐花放入其中，待其浸泡一天后将浸泡液倒入筛滤器中过滤，装瓶，放置15天后便可饮用。此外，如果想要品尝刺槐啤酒，除非您已具有了酿酒者的灵魂，不然就只能亲自到一些售卖点去寻找了。相反刺槐花利口酒的制作方法就容易多了，尤其是当你有一位像我奶奶一样的奶奶时。

植物小百科

刺槐，落叶乔木，高20—30米。叶子为羽状复叶，由9—19个小叶形成。在叶子掉落后，于原地长出托叶，并逐渐变成托叶刺。白色花，聚集成串状，长度为15—25厘米，可食用，美味芳香，并可产槐花蜜。刺槐可不断长出根蘖，因此这种植物的根系发达，具根瘤，可以固氮。果实为荚果，扁平下垂，深灰色，内含种子若干。这些荚果在叶落后仍然能够在树上保持很长时间。

为健康干杯！

刺槐利口酒（liqueur d'acacia）

首先将75克刺槐花和一个打开约3厘米的香草荚放到0.5升45°的水果烧酒中，并将其在太阳下放置40天。之后往里加入200克糖，再放置3周。然后，将浸泡液过滤，把过滤后的液体装入一个非常密封的瓶中。还有一种方法，您也可以将所有原料仅仅浸泡24小时，之后往浸泡液中加入糖和水，将其熬成糖浆，存放约2个月。最后过滤装瓶即可。

飘香丛林

野草莓（*L'ARBOUSIER*）

野草莓生长于丛林中和灌木丛中，像所有的桃金娘科植物一样，这种植物尤其喜欢酸性土壤。自古以来，野草莓就是一种重要的药用植物，人们通常把它的叶子和刺柏相混合制成一种汤剂。而其果实不仅对尿道感染有很好的治疗效果，而且还有止泻和降压的特性。生野草莓吃多了一般会引起腹痛，但身体健康的贪吃者们一定会爱上这种果实。人们把这种小灌木取名为"长草莓的树"或"树草莓"，显然这种说法对生长在我们花园中的那种美味水果（这里指草莓。——译注）来说有点不公平，更何况这种长在树上的草莓体积更小。若要辨别这些小水果是否成熟也很简单，它们只要捏起来不太硬就可以吃了，野草莓含淀粉的果肉成熟以后闻起来很香但不是特别甜腻，这种芳香似乎只有地中海的灌木丛才能与之较量。通常，人们会将这些小果实做成果酱或饮料，只是这些饮料并不怎么有名。

19世纪时，人们发现了科西嘉葡萄酒，并对这种酒中隐含的涩味充满了好奇心；事实上，这种涩味正来自于这款酒中所含的野草莓，尽管根本没有这个必要，但酿酒者还是觉得这种水果可以增强酒的涩味，因此把它添加到了这种葡萄酒中。这些浆果在发酵后也可制成一款甜酒，比如，在外省和科西嘉岛，人们通常在家中将这些浆果蒸馏以制取一款消化健胃的烧酒。今天，我们在市场上看到的大部分野草莓甜酒都来自西班牙、意大利和阿尔及利亚这三个国家。

为健康干杯！

野草莓利口酒（Liqueur d'arbousier）

一边感受着大自然中的新鲜的空气，一边收集1千克非常成熟的野草莓（成熟的果实放在手里通常感觉特别软）。接下来就不用去野外了，您需要去食品店细心地挑选出1升45°水果烧酒和380克糖。返回家中后，把采摘的野草莓捣碎，并在其中加入糖和烧酒。然后，让其置于太阳下或在热乎的地方浸泡30—40天。最后过滤装瓶。之后再耐心等待两个月，野草莓酒就可饮用了。

植物小百科

野草莓，灌木或小乔木，树皮具裂纹，并附有一层平滑的淡红色的带微小细粒的坚硬木外壳。叶革质，叶缘精细锯齿状、披针状，并带有短叶柄。花，直径约为1厘米，白色中略带紫红色斑点，呈悬垂串状。随后花逐渐变为表皮粗糙且坚硬的粒状果实，这种果实最初为黄色，到了成熟期，变成亮红色。最有趣的是，这种植物的开花期和结果期时间相同，其果实形成期正是上一年的开花期。

这种曼妙多姿的茶

香柠檬 （*LE BERGAMOTIER*）

在谈到香柠檬茶之前，我们先来说说香柠檬水。当香柠檬水被放在一个距离我们很远的地方时，我们依然能闻到它忽近忽远的香味，路易十四最心爱的香水正是用香柠檬水制作的，香柠檬水同时也是古龙水的重要原料。为了满足味蕾的需求，人们在18世纪时按照柠檬汽水的制作方式制作出了一款清凉解渴的饮料——香柠檬茶。方法如下：将5个新鲜的柠檬榨汁，并将其与几块在香柠檬的表皮上用力擦过的糖一起放入到5升水中就可以了。记得要趁新鲜饮用。

香柑是在人们认识柠檬之后不久出现的。在各种有名的香柑茶中，人们想到的第一个茶就是格雷伯爵茶（Earl Grey）。它的名字正是为了纪念在美国独立战争中声望颇高的英国大将军查尔斯·格雷（Charles Grey，1729—1807）伯爵。不过，这个茶的配方却诞生在世界的另一端。故事大概是这样的，一个官员，或者如其他版本里所说的茶商，为了向搭救他溺水儿子的伯爵表达谢意，便赠送给他一个中国的传统配方以使他的香柑茶更醇香。另有一种俄罗斯风味的伯爵茶，它的传说又是另一个版本，人们将这种更加芳香柔和的茶称为"俄罗斯格雷伯爵茶"或"俄罗斯套娃"（Babouchka）。人们时常在休闲放松的时候喝这种茶，而且，他们通常把它放在摇椅下面的阴凉通风处冷却。

在一个精致的瓷器中，人们可以慢慢品尝一种英国议会茶，它是格雷伯爵茶系列中浓度最醇厚、柑橘味最浓的一款。这种茶在市面上并不怎么出现，并且很难找到，但它本来也不是为普通百姓准备的，不是吗？

植物小百科

香柠檬，是一个杂交品种，可能来自瓯柑和酸橙的杂交，也可能来自绿柠檬和酸橙的杂交。由于它几乎不能适应田野（−5℃）的温度，因此，主要分布在卡拉布里亚（Calabre）和西西里。其树高可达5米，叶子四季常青且生长于一些多少带点刺的细枝上。果实类似小橘子，完全成熟前为绿色，平均重80—200克，果肉酸涩，但闻起来特别香。

为健康干杯！

芳香剂疗法（Aromatherapie）

这个茶，我要，这个茶杯就算了。
还有所有这些英国货……
我把它们都给了别人
没想到，我的邻居用芳香剂疗法提取出了香柑油。
似乎这是一种不错的开胃剂。
至少，它可以让我们的胃为那些更烈的酒腾出地方。

健康之树

桦树 *(LE BOULEAU)*

在欧洲，共有四种桦树，其中有两种广泛分布于法国的森林中，它们分别是"毛桦"（*Betula pendula*）和"白桦"（*Betula pubescens*）。通常桦树都被当作木材使用，但是有时也被用来制作几种饮料，比如果汁、树浆和糖浆。在冬天过后，人们经常会用桦树制作一款有名的滋补饮料，但这种滋补饮料却长期被人们不加区分地称为"桦树浆液"（sève de bouleau）、"桦树汁"（jus de bouleau）、"桦树酒"（vin de blouleau）或"桦树糖浆"（sirop de blouleau）。以前，人们还会用桦树制作啤酒、葡萄酒和烧酒。

今天我们在市场上所发现的可以喝的桦树汁，更准确地说，是一种通过榨取桦树树叶而制取的饮料。与它一样被商品化的还有桦树浆液，当然人们也可以自己收集桦树浆液，而且您一定会惊叹于这种饮料的神奇和简单，它仿佛就是大自然特意为我们储存的。只需等到春天，当桦树体内产生了桦树浆液时，直接在树皮上插入一个管子，挖一个深度为5—8厘米的洞，我们就可以看到这种滋润心田的富含矿物质和膳食矿物质的浆液从桦树中流出。这种制取桦树浆液的方法是所有北欧人的传统习惯。一棵美丽的成年桦树足可以生产出几百升的浆液，我们不能冒险失去它们，因此，在提取浆液后，我们需要用一个大小合适的木质楔子将洞口堵住。

桦树水——桦树浆液的另一个名字——使它听起来就像一种清透的液体。其实它也是无味的，只是其所含的左旋糖略微带点甜味，但需说明一下，这是一种几乎没有人喜欢的味道。若按照每天空腹喝一杯桦树水的剂量来算，一大桶桦树水可以供一个人饮用3周，时间似乎有点长，因此，我们应该把这种饮料放在冰箱中保存，否则它很快就会发酵，变酸，然后就成了我们所说的桦树酒。

为健康干杯！

桦树糖浆（Liqueur d'bouleau）

我经常把桦树浆液留给那些最爱喝这种饮料的人；私下里我从不喝这种饮料。对我来说，桦树糖浆更合适，若说它是一种饮料并不准确，更确切地说，是一种甜食。其制作方法和枫树糖浆相同，在收集完浆液后，用温火将其煎熬即可。（100升浆液可制成1升糖浆！）这种焦糖味加香料的糖浆可用于可丽饼和甜点的提香，也可以充当茶或咖啡的调和剂。

植物小百科

桦树，灌木或中小型乔木，最高可达30米，枝细，下垂柔韧，并附有树瘤，叶长于枝上，落叶，完全叶，心形到长方形，叶缘锯齿状。花，雌雄同株，呈柔荑花序，种子小，具有翼瓣。

既可以提供面包又能提供饮料

栗子树（*LE CHÂTAIGNIER*）

乡下人的面包树，我们也把它叫作栗子树，用这种植物做成的最有名的食品就是栗子粉和栗子酱，后者经常出现在利穆赞（Limousin）的一种猪油鹅肉卷心菜浓汤中。土豆之父安东尼·德·巴尔蒙蒂耶（Antoine de Parmentier）曾在"可抵御饥荒的淀粉物质的探索"中，对栗子做了最深刻的研究。并且，他还曾在《关于栗子的论文》（*Traité de la châtaigne*）一书中指出，那些不适合人类消费的栗子都可用来制酒。但条件是，需将这些栗子置于糖水中发酵。由于不是所有的栗子都能够产生发酵所需的糖，因此直到 18 世纪初，人们才开始尝试用蒸馏器制作栗子酒。没想到实验真的成功了，所有加斯塔内考尔地区（les régions castanéicoles）都成功地生产出了栗子利口酒，如，利穆赞、科西嘉、阿代尔什……

这种酒可以直接饮用，但更经常地被添加在许多开胃葡萄酒和一些开胃饮品中；无论在哪一种开胃饮品中，他们基本都按照同一个比例调制：1/4 栗子利口酒，3/4 白葡萄酒。其中，最受消费者欢迎的就是以苹果汁、白兰地和栗子利口酒为基础的开胃酒，似乎非常好喝。

人们还用发酵的栗子制作了一些具有当地特色的啤酒，当然，这里所说的"当地"，指的还是加斯塔内考尔地区。准确地说，这并不是由栗子制成的啤酒，而是将栗子、栗子碎粒或栗子粉与大麦麦芽相混合后酿造的一款啤酒。由于这种干燥的水果不仅不会过熟，而且在成熟时会自己掉落到地上，因此你们或许可以想象一下是否真的存在一种"有栗子味的利摩日可乐果树"（un cola limougeaud）。（我一直在考虑这种事是否合乎常理。）

植物小百科

栗子树，高 25—30 米，树龄小时，其树皮光滑且呈灰色，随着树龄增长，树皮逐渐龟裂且呈深棕色，树干也会慢慢变得凹陷。叶为落叶，锯齿状，长可达 25 厘米，与长叶子相比，它们的叶柄非常短。花呈柔荑花序，雌花和雄花分开生长，花期为 6 月中旬到 7 月中旬。果实被包裹在一个带刺的壳斗中。

为健康干杯！
栗子利口酒
（ Liqueur de châtaigne ）

首先将 0.5 升水加热，并往里放入 400 克糖溶解，再向锅里添加 0.5 升 90° 酒精、1 根香子兰和 500 克栗子（炒过且剥过皮的，每个栗子切成四瓣），然后将这些混合物倒到一个密封的容器中浸泡 5 周。接下来，用筛滤器将浸泡液过滤，并加入 500 克每个被切成 4 瓣的酸苹果和 200 克糖。浸泡 1 个月左右后取出过滤，并将这种自制的美味栗子利口酒装瓶即可。

田野上的糖浆

虞美人（*LE COQUELICOT*）

自古以来，虞美人糖浆和饮剂就被人们当作药物使用。正如许多植物一样，最初，它总是被人们滥用以治疗各种疾病，不过，这些功效不久后便被归结为一点：化痰。这种特性来源于其花瓣中所含的胶质。因此在过去，人们时常把它添加到一些糖浆药水、淡糖浆、胶剂、浓糖浆，或用小口舔的果酱中以达到开胃的功效。而它的叶子则可以制作饮剂。尽管有如此多的用途，虞美人也曾一度扮演冒充者的角色，当时，人们用虞美人制作假的紫罗兰糖浆，这种糖浆主要由三色堇（pensée）或翠雀花（pied-d'alouette）等与紫罗兰颜色相同的花制作而成，并混合了一种由虞美人、越橘或红叶卷心菜制作而成的糖浆（使其近似于紫罗兰的味道）。除制药之外（我们今天还能够在许多棒棒糖和糖片中发现它的身影），人们还用虞美人糖浆制作了一些美食。比如，它还可以为新鲜的奶酪、酸奶和水果沙拉提香，当然它也可加入到如卷形蛋糕一类的糕点的制作中：正如所有的红色芳香花，虞美人也可以被制作成一款基尔酒。而在很早以前，人们就把这种柔和的、芳香的植物应用到形形色色的鸡尾酒的制作中了（包括含酒精的和不含酒精的）。

过去，在配制虞美人糖浆和饮剂之前，人们经常会把花瓣风干：其实这种做法反而会使这种植物中所含的一种能解渴的化合物挥发，而且其中的糖分也会随之流失。

为健康干杯！

虞美人糖浆（sirop de coquelicot）

虞美人糖浆的制作方法很简单。首先，我们要赶在早晨结束前采摘 400 克虞美人花瓣，将其晾置变干。然后将其放入 1 升的开水中浸泡 20 分钟。接下来将浸泡液过滤，并用干净的织物（比如纱布）充分挤压花瓣，尽可能多地收集虞美人汁。之后称量得到的浸泡液，往里放入等量的糖。最后用温火加热泡剂直至成糖浆后装瓶即可。

植物小百科

虞美人，一年生植物，叶子交错成莲座叶丛，叶片呈细长分裂锯齿状，且覆有粗糙茸毛。花由一些细长的含有乳白色汁液的茎支撑，且由 4 片花瓣组成，微波状，呈亮红色。果实为硕果，内含很多黑金属色的小种子。

田野里的茶

茴香 (LE FENOUIL)

茴香是一种起源于南欧的植物，且分布广泛，无论在田间小路边还是在交通干道旁，我们都可以发现它的身影。古时候这种可大量食用的植物仅仅出现在药典中。阅读这些药典时我们要小心不能把茴香和其他具有茴香味的植物搞混了：因为古文献中的记载不可能将这些植物之间的区别完整地描述出来。总而言之，若用另一种茴香属植物代替茴香时，我们不能将两者的结果混淆，至少在饮料的制作方面不行。比如，人们有时会将茴香和其他带有茴香味的植物混合来制作饮料，正如以下这个配方：将3—4个八角茴、几段茴香，放在一瓶水里浸泡一晚就可以了。这是一种经常出现在一些远足者的水壶中的药茶。或者更简单地说，是一种"茶"。茴香糖浆的配方有很多，在这里，我们介绍一种最美味诱人的配方：准备1升水，40克茴香粒，1根甘草，500克糖以及一些绿茴香粒。然后把以上混合物熬制成糖浆即可。茴香也可以入药，比如我们可用它制作一种抵御风寒感冒的药剂。方法如下：将已研碎的100克茴香粒放在50厘升酒精度为90°的酒中浸泡3个小时。之后往里添加0.5升水，再浸泡一晚。将浸泡液过滤后，再在其中加入600克糖，用温火煮沸几分钟直至溶液变得像糖浆一样浓稠即可。如果为了达到祛痰的疗效，只需每天喝2咖啡勺的量即可。但若这种糖浆疗效一般，还有一种足可以让你忘掉痛苦的饮料，制作方法如下：首先将1升水、一些茴香粒和几段茴香茎加热煮沸，关火后浸泡15分钟，然后将其过滤，并在过滤后的液体中加入一大杯烧酒即可。

为健康干杯！

茴香葡萄酒（Vin fenouillé）

这些小饮料太漂亮了！但对于我来说，只有味道浓的才是最好的。这就是为什么我经常做2—3瓶茴香葡萄酒。这种酒的制作方法如下，在1升白葡萄酒中放一大把新鲜的茴香种子浸泡2周左右，然后将其过滤，再加入适量的蔗糖调和即可。我们也可以把一根茴香茎插入瓶中作为装饰。

植物小百科

茴香，两年生植物，生命力强，开花时可高达2米。有叶鞘，叶子呈精细锯齿状，空心叶柄。栽种后第二年可长出一个很大的花萼，并配有黄绿色的伞形小花。这些花会逐渐变成棕色的干巴巴的果实。这种植物的所有部分都有一股强烈的芳香！

途中之水

密丽萨香草（*LA MÉLISSE*）

密丽萨香草永远与卡奥尔（Carmes）地区（法国西南一个重要的葡萄酒生产地区。——译注）的酒紧密相连，否则卡奥尔的酒不会被叫作密丽萨香草酒，尽管它其实是一种已过时的酒精饮料，但是，这种酒总能唤起我们对祖母和姨祖母的回忆：当她们坐在"给人前行的感觉"的火车上时，这种饮料便是她们缓解旅途不适的第二种工具。而且，当她们恶心呕吐和犯偏头痛时，或当她们真的快要生病或假装快要生病时，这种饮料也都可以起到缓解的作用。这种酒的配方起源于14世纪，主要由密丽萨香草、当归和植物油酿制而成。但是，直到1611年，在一个医生把自己的滋补剂药方给了一个巴黎沃仁哈尔街（rue Vaugirard）上的教士达米昂神父（le père Damien）后，这种饮料才受到了人们的关注。从那时起，这种酒便开始被大规模生产，并持续了数个世纪，尤其在当时的宫廷盛行：黎塞留（Richelieu）与他的细颈酒瓶整天形影不离，路易十四则视之为万灵药。

与其他复杂的让人捉摸不透的配方相反，卡奥尔酒的配方则简单得多，其配方相继在1732年、1748年、1758年被一些巴黎的药剂师揭开了。从那时起，它的配方便不断被改变，如果说密丽萨香草酒是由植物和香料的混合物制成的，那么可以说，许多人都对这种饮料的形成有所贡献，我们甚至想象不到它的变化之大。后来，一个叫伯瓦耶（Boyer）的人所创造的配方最终成为了经典［这就是为什么我们有时候也会管这种饮料叫"伯瓦耶卡奥尔密丽萨酒"（eau de mélisse des Carmes Boyer）］。他的配方包含14种植物：当归、艾蒿、罗马洋甘菊、柠檬、水田芥（cresson）、薰衣草、墨角兰（marjolaine）、密丽萨香草、铃兰（muguet）、报春（primevère）、迷迭香、风轮菜、鼠尾草和百里香，以及9种香料：八角茴香、桂皮、香菜（coriandre）、茴香、丁香、肉豆蔻、当归根、龙胆草根和檀香（santal）。

为健康干杯！

密丽萨酒（Eau de mélisse）

为什么人们认为密丽萨酒比糖还甜呢？那是因为它太浓了，只要尝一口，就会觉得甜得受不了，但是，我们可以把它加入到新鲜的水中冲淡饮用，或把它加入到汤剂中，又或者按照3咖啡勺兑一大杯的比例，把它加入到格罗格酒（grog）中提香。

植物小百科

密丽萨香草，生命力强，高40—80厘米，四棱角茎，直立成簇状，边周倾斜。叶子，完全型，叶脉精细，锯齿状，冬天凋落。密丽萨香草因其根部坚韧，生长茂盛。花期为夏末，小花，由白色到白玫瑰色，于叶腋处聚集成簇。整株植物芳香四溢，且散发出一股强烈的柠檬味。

麻舌头的啤酒

荨麻（*L' ORTIE*）

荨麻的种类大概有 30 多种，目前在法国，人们已发现了 4 种，其中分布最广泛的是"大荨麻"（la grande portie）和"燃烧荨麻"（ortie brulante）。自古以来，荨麻就是一种用途广泛的野生植物。由于其所有部分都具有药理功效，所以它首先是一种药用植物，然后是饮食植物和纺织植物，比如，在意大利和奥地利交界的高山上，人们在已冻僵的冰人奥茨（Ötzi）身边发现了一个用荨麻编制的背包。关于这种植物的用途，有一些论述相当完整的书可作参考。早在几百万年前，乡下人就已经开始用荨麻制作各种饮剂了，这些饮剂至今仍然存在，它们不仅可被当作药物，还可被当作美食。其中，最简单的饮料就是荨麻汁，它不仅可以祛痰、利尿，还可以解毒。这种汁一般可通过挤压获取或利用榨汁机直接榨取，除非您更喜欢购买现成品。人们还可以用 50 克新鲜或风干的荨麻和 1 升水制作一种荨麻煎剂，喝前最好放入一大勺蜂蜜。我们也可以用荨麻制备一种荨麻酒（将新鲜的荨麻浸泡在一大碗酒精度为 90° 的酒中，然后将其在太阳下浸泡 10 天即可）。多亏了人们把这些饮料划分开来，才使它们变得更加安全。虽然荨麻饮料的配方数不胜数，但由于其制作方法大都简单，所以，人们制作起来并不容易出错。比如，最简单的一款糖浆，其制作方法如下：首先在 1.5 升开水中放入 250 克新鲜荨麻，让其浸泡 12 个小时。之后将液体过滤并加入 500 克糖。最后，用小火煎熬液体至糖浆状。另外一些人则提倡先把荨麻放入热水中煮沸，然后榨汁（总共收集 100 克即可），紧接着，加入同等重量的糖（100 克），最后将混合物熬成糖浆。我们可把它当作滋补剂，或简单地当作一种"有益的"美食，无论哪种方式，其服用量均为每天 3 勺。

植物小百科

荨麻，草本植物，生命力强，高 60 厘米—1.2 米，叶子，完全叶，锯齿状，椭圆到披针形。整株植物被 2 种毛茸覆盖着：第一种是长的，可以引起荨麻疹；第二种是短的，非常柔软。单性花，非常小，分布在不同茎上，聚集呈小串，雌花下垂，雄花直立，果实为瘦果。

为健康干杯！

荨麻啤酒（Bière d'ortie）

其实，要制作荨麻啤酒并非难事。只需收集 1 千克荨麻嫩芽，将它们和 2 个完整的柠檬放入装有水的锅中（约 8 升）加热煮沸。然后，将煮沸后的液体过滤，再在其中加入 2 碗粗红糖和 1 汤勺的啤酒酵母。最后将其装瓶储存即可（装瓶后可能会产生气压，所以注意瓶子大小的选择）。大约 15 天后荨麻啤酒就可以饮用了。

醉于绿洲

枣椰树（*LE PALMIER DATTIER*）

在我们日常的消费品中，椰子酒并不常见，它更多的是为生活在热带国家或在热带国家旅游的人准备的，因为只有在那些地方才能够品尝到这种经过发酵的饮料。它的制作需从几种棕榈树的汁液的收集开始，比如非洲油棕、甜粽、水椰、椰子树、酒椰或者对我们来说比较熟悉的枣椰树。其中，最贴近我们生活的棕榈品种就是枣椰树，至少它被人们当作装饰性植物大量种植在法国南方，而且在《圣经》中也有对这种植物的提及。事实上，本文前面提到的制作椰子酒的椰子汁，也正是从这种枣椰树上收集的。早在公元前 5000 年，巴比伦人就已经开始用椰子酒酿制果醋了。其制作方法非常简单：首先切掉佛焰苞（spathe，包围在花序外面的一片大型苞片）的一部分，然后在佛焰花（spadix）的茎上切出许多切口直到顶芽位置。这时候，花序中的汁就会流出来，这些汁自然发酵后，其酒精度就会迅速上升。72 小时后，人们就可以获得一款酒精度为 12° 的饮料。由于枣椰树每天可以产生很多的汁液，因此，我们不必为量的多少而担心。我们可以直接饮用这种饮料，也可将其用于各种饭菜的提香。我们必须要在短时间内喝完这些饮料，因为 4 天后它的味道就会变得非常酸；我们还可将它转化成醋或将它蒸馏，制作一种烈酒（烧酒中的一种类型）。

为健康干杯！

椰汁葡萄酒（Vin de palme）

棕榈树，这种植物似乎与我所种的植物类型差异甚大，不过，关于这种植物我还是略懂一二的。事实上，我们所制作的椰汁葡萄酒中的椰子汁是从 27 种不同的棕榈树里收集而来的。而且，正如啤酒一样，这种酒现在已经成功地被人们保存和装到了有金属帽的瓶子里。这种酒属于开胃酒。

植物小百科

枣椰树，高大的棕榈树，最高可达 30 米，茎不分枝，直立圆柱状，呈灰色。这种植物偶尔会出芽，并长出一些呈簇状生长的物质。叶子为大的羽状叶，海蓝色，硬直不易弯曲，属于雌雄异株，只有雌株上会长出大串椰枣，这些椰枣就是树的果实，属于浆果，红棕色，带甜味。

松果糖浆或松子糖浆

松树 (*LE PIN*)

一条根伸进美食界，一条根伸进医学界，一条根伸进饮料界，这就是松树的发展之道。若您问我，松树只有三条根？我会这样回答您：这并不是重点，重点在于，不只松树，冷杉、云杉和一般的松科品种，以及许多近松科属都有以上这三个强大的特点。

虽然这种植物在美食界并不怎么出名，但其春天的嫩芽确实是可食用的。松树的芽十分芳香，且富含多种维生素。传统上，人们经常将这种几乎到处可见的植物应用于雕刻和饭菜的制作中。比如地中海一带的五钉松，法国南部和西南部的海岸松，以及生长在海拔较高地区的欧洲赤松，这些品种都具有同样的功能。和上述品种一样，那些更具有地方性的松树品种，也可以用于饮料的制作。在过去，人们经常用松树做一些简单的维生素滋补剂。而由于松树的浆汁如同蜂蜜一样本身就含有糖，因此，它的汁常被人们当作调和饮料和饭菜的糖精使用。最初人们还用它的汁制作糖浆（和棒棒糖），后来则逐渐改用它的嫩芽，这种做法一直延续至今。

由于松树具有浓烈的野味，人们只能用它来制作滋补性的酒精饮料。在萨伏瓦省，所有人都认识云杉这种松科植物，当地人通常用它来代替蒿类植物制作一款简单的助消化酒，方法如下：首先将云杉的嫩芽放在一个装满果酒的厚度为 4 厘米的广口瓶中浸泡 2 个月。然后再根据泡剂的味道，适量地往里添加糖或糖浆（一般每升液体 10—30 块糖）。除此之外，当地人还喜欢用欧洲赤松的嫩芽或松果为其他饮料提香。而在瓦尔省（Var），人们则更喜欢喝松果利口酒，其制作方法也很简单：首先将 12 个左右的松果放入 1 升酒中浸泡。当酒的颜色慢慢变为绿色时，再往酒中加入适量的糖就可以了。

植物小百科

松树种类繁多，一般为高大粗壮型，根据品种不同，高度由几米到十几米不等。叶子四季常青，针叶状，一般 2、3、5 针为一束，长于短小枝上。果实为松果，其形状最初为针状，然后随着种鳞张开，逐渐由针状变成圆形，内含种子：也叫松果或松子。

为健康干杯！

松树糖浆（Sirop de pin）

首先将几大把松树和云杉的嫩芽放到水中煮沸约 15 分钟，然后将其过滤再煮沸 15 分钟。之后向酒里加入与所得的酒等量的糖。最后装瓶即可。

玫瑰 蔷薇科

瓶装的土耳其软糖

玫瑰 (*LE ROSIER*)

　　玫瑰！不朽之物。它的历史不是用三言两语就能说清的，一些大部头的书也只能勉强道出一二。玫瑰从医学领域进入美食领域经历了一个漫长的发展阶段。自古以来，不同品种的玫瑰就被人们用来制取药物，人们最常利用它来治疗肚子的不适和一些与消化器官、支气管有关的疾病。其花香则可以作为香料添加到一些饮剂中，使其味道更容易被人接受，而且，人们曾多次应用它的香味显著地改善了药物的味道，我们现在所喝的玫瑰糖浆也可应用在甜点制作方面，或为一些味道单调的饮料提香。

　　玫瑰从医学领域到美食领域的过渡开始于玫瑰药水，以前，为了使这种药水更容易让人服用，人们时常会在其中加糖或粗红糖。偶尔，他们还会往药水中添加几个大黄叶柄或爱神木浆果。而在其他情况下，他们则会选择添加柠檬汁、茴香种子或者姜。这些事实说明了玫瑰可以和许多不同味道的植物搭配在一起。那么今天，玫瑰糖浆可以用来干什么呢？它可用于一些水果冰沙的提香，比如它能够很好地和柚子或柑橘类冰沙融合，而它红润的颜色则正好可以和荔枝的颜色搭配在一起。（它何尝不能与洛库穆搭配！）（洛库穆，土耳其语，Lokum，一种用淀粉和砂糖制成的土耳其甜点。它通常以玫瑰香水、乳香树脂与柠檬调味；玫瑰香水赋予了它淡粉红的色泽。——译注）人们还可以将它直接浇在糕点上，或用它代替基尔酒中的黑加仑糖浆、桑葚糖浆或无花果糖浆。如果我们偶然间发现了风干的玫瑰糖浆，一定不要喝它：这是一种止泻药。

为健康干杯！

玫瑰水（Sirop de rose）

　　没有什么比制作玫瑰糖浆更简单的了。首先把 800 克糖放入 1 升水中熬 20 分钟制成糖浆，然后将一大把玫瑰花瓣（注意：要使用那些香味浓的玫瑰花，不要用杂种，杂种经常无味）放入 1 升水中。接下来将浸泡的玫瑰水与玫瑰糖浆混合并浸泡 12 个小时。之后将浸泡液先过滤，再将过滤后的液体加热至煮沸即可关火。最后装瓶，放入冰箱冷藏即可。

植物小百科

　　玫瑰，小灌木，高 2—5 米，起源于欧洲，主要分布在地中海一带和远东地区。它有非常多的装饰性杂交品种，大多数玫瑰品种属于落叶型植物，复叶，边缘锯齿状，有叶柄，茎呈微弧形，有刺。花长于花冠，芳香四溢，花色不尽相同，五颜六色。果实为杂交附果或混种玫瑰果，内含瘦果。

春药！

风轮菜（*LA SARRIETTE*）

风轮菜，又叫蜂窝草或驴梨子，在法国外省，这种植物一直以来都被人们当作壮阳药使用。这种功效或许与它所具有的浓烈的芳香和强烈刺激性味道有关。它也因此被应用到了饮料的制作中。由于其具有很好的药理功效，因此时常被人们浸泡在蜜酒中。同时，它还具有祛痰功能，且能够抵抗寄生虫——今天，我们把它当成杀菌剂——以及能够缓解腹泻的药。后来，人们又开发出了它"下流猥琐"的一面：比如在市场上，有一种壮阳饮料，这种饮料是由风轮菜、白桂皮和生姜（但到底是哪种原料起主要作用呢？）与白葡萄酒混合而制成的。

风轮菜更经典的用法就是应用于各种甜烧酒中和法国南方所有的美食中，与风轮菜一样可应用于美食中的植物还有百里香和迷迭香。人们还发现风轮菜主要存在于一款利口酒中，在这款酒中，根据原料搭配的不同，风轮菜有时主要发挥助消化功能，有时则主要发挥开胃功能。而且，按照一些由各种花朵制作成的助消化饮剂的制作方法，人们还用风轮菜制作了一款传统的家庭小饮料。当然，风轮菜也可以用来制作法国南方著名的沃德拉克利口酒（Vaudenac），沃德拉克是上普罗旺斯省（Haute-Provence）的阿尔卑斯山区的一个地方。而"沃德拉克利口酒"这一词统指所有以生长在（法国南部）灌木丛中的石灰质荒地上的植物和水果为基础的饮料。按照同样的原理，风轮菜还可应用于红葡萄酒的提香，通常这类红葡萄酒闻起来就像是中世纪时盛行的辛辣酒，或许这种辛辣味与风轮菜中的樟脑味有关。一些资料还提到了一种风轮菜汽水，不过说实话，我从未曾品尝过。相反，风轮菜糖浆就常见多了，人们也可以在家自制这种糖浆。方法如下：首先把 1 升水和 1500 克糖熬成糖浆，之后将 500 克的风轮菜浸泡在糖浆中。然后将浸泡后的糖浆过滤，装瓶就可以了。

为健康干杯！

风轮菜利口酒（liqueur de sarriette）

谈起饮料，人们应该保持严肃的态度。比如风轮菜这种植物除了可做成美食外，还可用于制作一种利口酒。每到夏天，我会把风轮菜放入 1 升事先添加了 100 克糖、200 克花球（sommités fleuries）的 65°的烧酒中浸泡。然后我会耐心地等到圣诞节，其间，我还会时不时搅拌这些混合物。按照此方法，我们还可以制作百里香利口酒、迷迭香利口酒或以百里香、迷迭香和风轮菜的混合物为基础的利口酒。

植物小百科

风轮菜，生命力强，多年生植物，高 20—40 厘米，茎细长直竖，成簇状生长。叶子狭窄细长。花繁多，颜色白色到玫红色。风轮菜的所有部分都有一股带刺激的樟脑味儿。

可以喝的南欧丹参

鼠尾草 (*LA SAUGE*)

自古以来，鼠尾草就被当作药用植物使用，早在几百万年前，为了突出这种植物的功效繁多，乡下人把它叫作"万能药"（toute-bonne）。有些人甚至想把它编入饮料的史册。难道人们喝鼠尾草饮料是因为需要促进血液循环、镇静神经系统或需要解决皮肤问题？绝不是，人们喝加蜂蜜的鼠尾草饮剂只是因为它好喝。难道人们喝鼠尾草利口酒是因为奶产品生产停滞时汲取营养的需要？绝不是，人们喝鼠尾草利口酒只是因为它好喝。难道人们喝鼠尾草葡萄酒是为了治愈呕吐、腹泻或肠胃不适？绝不是，人们喝鼠尾草葡萄酒也是因为它好喝。或许有人会这样回答你，因为各种含鼠尾草的饮料都是有益的，比如喝了以上三种饮料，我们无需再担心霍乱的降临、肺结核的感染，也不必为患上伤寒而担心。而在外省，人们通常在饭后喝少许的鼠尾草酒，因为当地人都知道鼠尾草饮料很好喝并拥有能够使人舒

适的功效，所以他们从不会把口疮、结疤、扭伤、脱臼、水肿性堵塞、头晕、痛风这些疾病当回事。需要注意的是，鼠尾草的这些功效只能在水溶液状态下得以发挥。

以下便是这种鼠尾草酒的制作方法：首先将一大碗鼠尾草花和1升白葡萄烧酒（它代表着"水"的部分）装入一个大的广口瓶中。然后将瓶子密封，并放置室外保存一个月。之后过滤装瓶即可。若真的要为这种饮料的饮用找到一个借口，那就是，人们可以在其中加几滴糖以治疗肠胃的不适！

为健康干杯！

鼠尾草葡萄酒（Vin de sauge）

以下是我个人的配方。首先，将3升麝香葡萄酒加热，然后将其倒入一个事先已放入250克鼠尾草叶的大容器中浸泡数小时。之后，将混合物在阴凉处放置3天。最后将液体过滤并在阴暗处装瓶。这种酒可当开胃酒饮用。

植物小百科

鼠尾草，生命力强，多年生植物，茎呈簇状生长，高40—50厘米，宽约1米多。叶子四季常青，覆盖一层茸毛，叶缘呈精细锯齿状，叶片白绿色，近四边形。花期在夏天，开淡紫色小花，呈笔直状人字形交错。整株植物有一股淡淡的樟脑味儿。

它会四处喷洒

西洋接骨木（*LE SUREAU NOIR*）

春天，西洋接骨木翠绿的嫩芽招来了自四面八方的咀嚼式口器昆虫；夏初，它含蜜的花又吸引了大批的采蜜昆虫，然而这两种昆虫若要与人类对接骨木的兴趣相比，就显得太微不足道了。事实上，从遥远的古代起，乡下人就开始用接骨木制作一些传统的简单饮料了，比如供普通人饮用的柠檬汽水以及为重要人物准备的葡萄酒。虽然这两种饮料的配方各异，但他们最基本的配料却是一样的。其中柠檬汽水的制作方法如下，首先将 4 朵新鲜的接骨木花序清理干净，无须用水冲洗，因为花序里可能藏有一些小虫子。然后在一个大的容器里倒入 2 升水，并将 200 克的糖、2 个切成片的天然柠檬和 10 颗金黄色的葡萄放入其中。接下来，把容器放在太阳下浸泡 3 天并每天打开搅拌。最后，当葡萄粒漂浮在表面时，就可以过滤装瓶了。值得注意的是，最好选择体积较大的瓶子，因为瓶内会产生大量气泡，而这些气泡产生的压力足够冲开一个大瓶子！人们也可以在配料里加入大黄（rhubarbe）、覆盆子、草莓或黑加仑，使柠檬汽水更加芳香，但是这样做会掩盖了接骨木的味道。

葡萄酒则主要分为含葡萄的葡萄酒和不含葡萄的葡萄酒。其中后者的历史要从 20 世纪说起了。当时人们把接骨木的浆果放入水中（比例为 1 升浆果兑 0.5 升水），然后竟然获得了一种与葡萄酒特别相似的饮料，因此，这种饮料被人们称为假葡萄酒。为了发酵，人们经常会在其中添加 300 克糖。而为了加快发酵进程，人们通常会往里加入啤酒酵母。按照这样的方法，人们制作出了一种冒泡葡萄酒的替代品，即不含葡萄的葡萄酒。今天我们所说的接骨木葡萄酒，通常指的是一种由接骨木的花或浆果来提香的红葡萄酒或白葡萄酒。有时，人们也会用一点水果酒来加重这种酒的味道。

植物小百科

接骨木，大型灌木，高 1—10 米，树皮灰褐，有裂纹。叶：落叶，对生叶，由 4—7 片锯齿状小叶组成，叶脉处略有毛。花：雌雄同株的小花，夏初呈奶白色，散发芳香，聚集呈直径为 10—25 厘米的伞状花序。果实为黑色小浆果，且内含 3 个种子。

为健康干杯！

接骨木酒（Crème du sureau）

接骨木酒的美味真是令人回味无穷。它的制作方法如下：首先采集 1 千克熟透的接骨木浆果，再准备 1 升口感比较浓香的葡萄酒，并把接骨木浆果倒入葡萄酒中。然后轻轻搅拌以使果实分裂开，待果实浸泡 3 天后，用过滤网筛出果渣，并按照 800 克糖对 600 克酒的比例在过滤后的液体中加入糖。最后，将混合物煮沸约 15 分钟即可装瓶。

这样制作出来的接骨木酒还可以用于基尔酒的制配。

曼妙美味的糖浆

紫罗兰（*LA VIOLETTE*）

小心，这是一种生长于地平线上的特别娇弱的植物。在各种由花制成的糖浆中，紫罗兰花糖浆可能是最娇弱、最清淡、最柔和的一种。早在18世纪时，一篇关于制作糖浆的论文就已指出，在选择紫罗兰时，最好选用来自家庭花园中的品种，因为来自田野和树林里的紫罗兰，无论在味道、颜色还是在功效上都稍逊一点。说实话，的确只有非常敏感的鼻子和灵敏的嗅觉才能辨别二者的不同：因为它的香味主要取决于生长环境和气候的变化，再加上这种植物的开花时间非常短，更准确地说，在闻过几次之后，我们的鼻子就再也搜索不到这种香味了。为什么它不再散发诱人的芳香了？这一点，确实是个谜。

紫罗兰的"敏感"扮演着重要的角色。人们后来把它应用在基尔酒的调配中（是啊，基尔酒的配方各种各样）。而还有些人用它制取了一种冒泡酒，它的原料主要有：300厘升皮埃尔汽水，2枝新鲜的薄荷，6咖啡勺的绿柠檬汁，1滴香子兰精油，3勺紫罗兰糖浆。

法国真是个人才辈出的地方。居然有人制作出了紫罗兰利口酒。据说，这款酒是由一个名叫塞尔（Serres）的图卢兹人于1950年发明的。我们可以在当代的几种鸡尾酒中品尝到这种利口酒，诸如紫色小调（Purple tiny，原料主要有：伏特加、酸果蔓汁、紫罗兰利口酒）、紫色地球（la Terre de violette，原料主要有：柚子汁和紫罗兰利口酒）又或者 W（"W"这里发音为"dabeulyou"），这是一种由伏特加、新鲜奶油、紫罗兰利口酒配制而成的混合饮料。而当我们了解到紫罗兰是一种轻泻药和利尿药，尤其是，中世纪时阿拉伯医生竟用它来制作一种催吐糖浆时，我们一定会对它的发展史感到惊讶。多好的主意啊，它充分利用了紫罗兰的副作用。

为健康干杯！

紫罗兰糖浆（Sirop de violette）

随着原料比例的不同，紫罗兰糖浆的配方也变化多样。而我主要用花来制作紫罗兰糖浆：500克紫罗兰花兑1升水和1千克糖。首先将紫罗兰花瓣放入一个广口瓶中，并倒入开水。待其浸泡一天后将其过滤。接下来，在过滤后的液体中加入糖，然后将全部液体放入锅中，并用小火加热，同时盖上盖子，以防香味散发。当糖全部融化时就可以关火，待液体冷却之后装瓶即可。

植物小百科

紫罗兰，小型草本植物，生命力强，高5—15厘米。叶子为球状，基部呈心形，先端呈钝角，暗绿色。由于整株植物能够生长出许多长节蔓，所以它可以蔓延至周围。花由5个花瓣组成，深紫色到白色，具有花距（距：花萼、花冠基部延伸而成的圆锥状部分。——译注），散发出一股淡淡芳香。

作者小传

　　塞尔日·沙，1958年出生于马赛。本书是作者第一次接触这一领域，在出版后，他甚至都想不到竟取得了如此大的成功，后来他说，这些成就都要归功于他的学习，他获得了由蒙彼利埃高等农学院和蒙彼利埃朗格多克科学与技术大学共同颁发的博士－工程师学位。

　　在连续担任 in vitro 种植实验室主任和苗木商务部主任的12年时间里，他开创了一个新的领域，并把他的知识教授给大众。从那时起，他便长期与几家专业的园艺杂志合作，并通过定期编写一些有关植物和花园的书完成了他的诺言，到今天为止，他已经出版了20多本著作。

　　当有人建议他写一本关于饮料植物的书时，他迅速拿出了他喝饮料时用到的所有杯子，并将它们放在那个我们总是为了说"好的"而不断讨论的桌上，其实，他早就对奥利维尔·塞尔（Olivien de Sennes）的这句话"人们通常只有在迫不得已的情况下才喝酒"有了自己的想法。在决定编写此书后，他便再没停过笔，仿佛他有说不完的历史故事和逸闻趣事。就在我们印刷出版这本书的时候，他还在说。

图书在版编目（CIP）数据

饮料植物／（法）塞尔日·沙（Serge Schall）著；贾伟丽译. —北京：
生活·读书·新知三联书店，2020.11
（植物文化史）
ISBN 978－7－108－06228－4

Ⅰ.①饮…　Ⅱ.①塞…②贾…　Ⅲ.①植物－普及读物
Ⅳ.① Q94-49

中国版本图书馆 CIP 数据核字（2018）第 022462 号

策划编辑　张艳华
责任编辑　吴思博
装帧设计　张　红
责任校对　张　睿
责任印制　徐　方
出版发行　生活·讀書·新知 三联书店
　　　　　（北京市东城区美术馆东街 22 号 100010）
网　　址　www.sdxjpc.com
图　　字　01-2017-6498
经　　销　新华书店
印　　刷　北京图文天地制版印刷有限公司
版　　次　2020 年 11 月北京第 1 版
　　　　　2020 年 11 月北京第 1 次印刷
开　　本　720 毫米×1020 毫米　1/16　印张 11.5
字　　数　140 千字　图 109 幅
印　　数　0,001－4,000 册
定　　价　88.00 元

（印装查询：01064002715；邮购查询：01084010542）